职业教育课程改革创新示范精品教材

烹调技术

主　编：段崇霞　方　涛

副主编：陈　洁　陈芸芸　李永实　路晓健

参　编：吴玉堂

北京理工大学出版社

BEIJING INSTITUTE OF TECHNOLOGY PRESS

图书在版编目（CIP）数据

烹调技术 / 段崇霞, 方涛主编. -- 北京 : 北京理工大学出版社, 2022.6

ISBN 978-7-5763-1386-4

Ⅰ. ①烹… Ⅱ. ①段… ②方… Ⅲ. ①烹饪－方法 Ⅳ. ①TS972.11

中国版本图书馆CIP数据核字(2022)第100756号

出版发行 / 北京理工大学出版社有限责任公司
社　　址 / 北京市海淀区中关村南大街5号
邮　　编 / 100081
电　　话 / （010）68914775（总编室）
（010）82562903（教材售后服务热线）
（010）68944723（其他图书服务热线）
网　　址 / http://www.bitpress.com.cn
经　　销 / 全国各地新华书店
印　　刷 / 定州市新华印刷有限公司
开　　本 / 889毫米 × 1194毫米　1/16
印　　张 / 10.5
字　　数 / 221千字
版　　次 / 2022年6月第1版　2022年6月第1次印刷
定　　价 / 40.00元

责任编辑 / 曾　仙
文案编辑 / 曾　仙
责任校对 / 周瑞红
责任印制 / 边心超

前言 PREFACE

本书从学生发展需要出发，坚持教育教学与岗位能力相结合的原则，根据烹饪行业的发展及职业学校教学需求的变化，强调实践操作，着眼于学生的特色技能教育和动手能力培养。本书内容对应中式烹调师岗位能力，共分为 6 个项目，每个项目包含多个任务，具备一定的理论水平，突出了实践性、活动性、选择性，符合新课程理念，对烹饪专业理实一体化课程改革有很强的指导作用，对学生全面健康成长也会产生积极的作用。

本书源于莱芜技师学院烹饪专业多年的教育教学实践，反映了一体化课程改革及教学研究工作的阶段性成果，由莱芜技师学院烹饪专业一线教师与高职院校专家、校企合作企业专家共同完成，在编写过程中倾注了编者大量心血，并融入了独到的见解和心得。学院系部多次组织编者开展编审会，反复讨论，几易其稿，最终形成本书，这既是教师个人校本研究的成果，亦是集体智慧的结晶。

本书由段崇霞、方涛担任主编，陈洁、陈芸芸、李永实、路晓健担任副主编，合作企业专家吴玉堂参编。其中，段崇霞负责全书的整体设计、内容选定和统稿，并编写项目二；方涛负责资料收集，并编写项目一；陈洁负责编写项目三；陈芸芸负责编写项目六；李永实负责编写项目五；路晓健、吴玉堂负责编写项目四。在本书编写过程中，山东禧悦东方酒店管理有限公司中餐厨房工作人员对此提出了诸多建设性意见，在此表示衷心感谢。

限于编者理论水平和实践能力，本书难免存在不足之处，希望广大读者提出宝贵意见。

目录
CONTENTS

项目一　油锅

项目二　炒锅

项目三 汤锅

项目四　蒸锅

项目五　烤

项目六　冷菜

项目一　油锅

项目导读

【项目描述】

炸是指将经过初步加工及刀工处理的原料，通过调味品腌渍、挂糊（或不挂糊），放入大油量的锅中加热，使其成熟并达到焦脆、香酥、松软、外焦里嫩等不同质感的一种烹调方法。

在炸制过程中，油不但起到了传热作用，还起着去异味、增香味及着色等作用。油作为传热介质，比水更容易使原料成熟。利用油加热，可使原料中的异味物质分解、挥发，从而达到去异味的目的。增香味，一方面是利用了油本身的香味，为菜肴增香；另一方面，有些原料中的呈香物质只有在油温的作用下才能释放，比如“葱姜爆香”就是这一原理。着色就是利用油的高温加热作用，使原料随着油温的升高而颜色逐渐变深。

根据不同的分类方法，炸有很多种类。根据原料是否着衣，可分为清炸和着衣炸；根据菜肴成品的质感，可分为清炸、干炸、软炸、酥炸、脆炸、板炸、松炸、卷包炸等；根据过油方式不同，可分为过油炸、油淋炸、油浸炸等；根据炸制时油温的不同，可分为高温油炸、中温油炸、低温油炸。

本项目共有 11 个任务，分别使用的炸制方法有清炸、干炸、软炸、酥炸、脆炸、板炸、松炸、卷包炸、油淋等，这些炸制方法最主要的区别在于所使用的“糊”不同。

【项目目标】

通过本项目的学习，掌握常用的炸制方法，特别是掌握在制作过程中的关键操作。

【重点难点】

重点：常用的炸制方法和关键操作。

难点：在操作过程中的技巧及注意事项的熟练应用。

任务1 清炸——清炸里脊的制作

【任务导入】

里脊肉在烹饪热菜中经常使用，是很多菜肴的主料和辅料。里脊肉很嫩，经过“清炸”之后会呈现怎样的质感呢？

图 1–1　清炸里脊

【任务描述】

“清炸”的最大特点就是原料不经过着衣处理，可根据原料的质地、形状等具体情况控制火候。虽然里脊肉很嫩，但由于不挂糊、不上浆，因此在炸制的过程中受热脱水，使得肉质紧密，从而形成干香味，外脆里嫩，风味独特。

本次任务是清炸里脊的制作，关键在于炸制过程中对火候的控制。

【知识准备】

清炸是将经过初加工后的原料，经刀工处理，不挂糊、不上浆，只用调味品腌渍后，直接用温油或热油炸制成菜的一种烹调方法。清炸类菜肴一般应选用新鲜、易熟、质地细嫩的动物性原料，如仔鸡、猪里脊肉、猪肝、猪腰等。

一、清炸的工艺流程

原料选择→初加工→刀工处理→腌渍入味→油锅炸制→出锅装盘。

二、清炸菜肴的成品特点

清炸菜肴一般为金黄色或棕褐色，原料本味浓郁、外脆里嫩、香味独特，有一定的咀嚼感。

三、清炸的操作要领

（1）原料在刀工处理时一般要求形状较小、大小一致、厚薄均匀，保证原料成熟度一致。

（2）清炸菜肴的原料一般在炸制之前调味，码味均匀，入味后再炸制。原料在腌渍时，一般不使用或尽量少使用含糖分和色深的调味品，以防原料加热后上色变黑。有些清炸菜品上桌时可附带味碟。

（3）根据原料的老嫩程度和形状大小掌握好油温。清炸时油量要大一些，一般为原料的4～5倍。一般形态小的原料要用高油温炸两次或多次，防止加热时间过长导致原料失水过多。形态大的原料起初用高温油炸，以保持其形态不变；继而转用温油炸制，以便原料成熟；最后改用高油温炸制，使原料中多余的油分留在锅中。

【任务讲解】

本次任务是清炸里脊的制作，关键在于炸制过程中对火候的控制。具体操作步骤如下：

（1）选取猪里脊肉，切粗条备用。

（2）加入葱、姜、盐、味精、料酒、酱油等，腌渍入味。

（3）待完全入味后，挑出葱、姜。

（4）锅内加宽油，油温6～7成热时，将里脊条抖散入油炸制。

（5）待肉条定形后，翻动使其受热均匀，大概8成熟时捞出。

（6）待油温升至7～8成热时，再入肉条复炸至深红色，捞出并控油。

（7）出锅装盘，外带椒盐味碟，上桌食用。

注意事项：

（1）原料码味一定要充分。

（2）炸制油量要宽，保证原料受热均匀。

（3）对火候的把握是本菜成败的关键。

【拓展训练】

由于清炸菜肴可以使原料有特殊的风味，所以很多动物性原料都可以使用此种烹调方法。如果我们选用牛肉、羊肉或猪内脏进行清炸，前期的处理方法是否和猪里脊肉一样呢？大家可以尝试一下清炸羊小腿。

训练提示：

羊肉的肉质比较老，没有猪里脊肉嫩，成熟较难。因此，我们在炸制之前应先使用其他加热方法（如煮、蒸等）让羊小腿成熟，待原料成熟后，使用高油温进行炸制，以达到外焦里嫩的效果。

任务2　干炸——干炸菊花鱼的制作

【任务导入】

“菊花鱼”，顾名思义，就是将鱼制作成类似菊花的样子。而想达到这种效果，就需要采用体型比较大、肉质较厚、细刺少的鱼，一般使用草鱼。另外，本菜对刀工的要求也比较高。使用“干炸”的烹调方法来制作菊花鱼，可以使形态更加形象，口感酥脆。

图 1-2　干炸菊花鱼

【任务描述】

本次任务是干炸菊花鱼的制作，它是将整条草鱼分档，取净鱼肉打上菊花花刀，加调味品腌渍入味，再拍粉，过油炸至外酥里嫩，成品就如金菊盛开，造型美观，口感酥脆。

【知识准备】

干炸又称焦炸，是将经过初加工后的原料，经刀工处理，用调味品腌渍入味，然后经拍粉或挂糊（水粉糊），投入油锅炸制成熟的一种烹调方法。干炸类菜肴一般应选用质地细嫩、鲜味充足的动物性原料，以及部分植物性原料。

一、干炸的工艺流程

原料选择→初加工→刀工处理→腌渍入味→拍粉或挂糊→油锅炸制→出锅装盘。

二、干炸菜肴的成品特点

干炸菜肴一般具有色泽金黄、外酥里嫩、干香味浓、口感咸鲜的特点。

三、干炸的操作要领

（1）原料在刀工处理时，多处理为条状、块状、圆球状等，要求大小一致，整料原料需打上花刀。

（2）对动物性原料进行干炸时，需要提前腌渍入味，应拌匀后再拍粉或挂糊。

（3）原料拍粉时，要求均匀、牢固，不能太厚或太薄，一般现拍现炸。

（4）原料挂糊时，要求充分包裹原料，同时也不能太厚使成品口感发硬。入油锅时，油温要适当高一些，使表面迅速凝固，然后将粘在一起的原料分散，保证品质。

（5）干炸菜肴需要控制好油温。对拍粉的原料，需要进行两次复炸：第一次油温在 5 ~ 6 成热，使原料基本成熟；第二次复炸，油温在 7 ~ 8 成热，保证外酥里嫩的口感。对挂糊的原料，需要进行三次炸制：第一次油温较高，使外糊迅速凝固定型；第二次油温降低，炸制原料成熟；第三次油温再次升高，保证口感的同时炸出原料中多余的油脂。

【任务讲解】

本次任务是“干炸菊花鱼”的制作，关键在于刀工处理及对油温的控制。具体操作步骤如下：

（1）选取 2 ~ 3 斤的草鱼，去鳞、鳃、内脏，清洗干净备用。

（2）切下鱼头，从鱼尾处开始取下两扇鱼肉，片去鱼肋刺，得到带皮的净鱼肉。

（3）用斜刀法剞成鱼皮相连的夹刀片，一般 3 ~ 4 刀断开。

（4）用直刀法将鱼皮切成粗细均匀的丝。

（5）在切好的鱼肉中加入清水、葱、姜、盐、味精、料酒，拌匀入味，泡去血水。

（6）取出鱼肉，吸干水分，拍匀干淀粉备用。

（7）油温 5 ~ 6 成热时，入锅炸制成熟，待油温升至 7 ~ 8 成热时，炸至色泽金黄。

（8）捞出控油，装盘上桌，外带椒盐味碟食用。

注意事项：

（1）拍粉或挂糊时一定要均匀，不能太厚或太薄。

（2）炸制时控制好油温，保证原料成熟的同时外皮酥脆。

【拓展训练】

干炸菊花鱼对刀工和火候有很高的要求，而干炸豆腐丸子却需要大小均匀一致的圆球状成品。干炸豆腐丸子是以豆腐为主要原料，加工成泥后，配上肉末等原料，调拌均匀成馅，再挤成直径为 2.5 厘米的丸子，拍粉后入油锅炸制成熟。

训练提示：

丸子的大小要均匀一致，保证同时成熟；而且，直径不能过大，以免造成外煳内不熟的情况。

任务3　软炸——软炸蘑菇的制作

【任务导入】

蘑菇是一种食用菌类，味道鲜美，经常用于汤菜的制作。如果将鲜蘑菇进行炸制，能否在具有炸制菜肴风味的同时，还能保持蘑菇的鲜嫩呢？这就要在外糊的调制和油温的控制方面下功夫了！

图 1–3　软炸蘑菇

【任务描述】

本次任务是软炸蘑菇的制作，关键在于蛋清糊的调制和炸制过程中对火候的控制。“软炸”所使用的糊是蛋清糊，是所有糊中比较软的糊。鲜蘑菇含水量比较高，质地鲜嫩，要想保持它的这一特点，使用蛋清糊是很好的选择。

【知识准备】

软炸是指将经过初加工后的原料，经刀工处理成较小形状，先用调味品腌渍入味，再挂上蛋清糊，用温油或热油炸制成菜的一种烹调方法。软炸类菜肴一般应选用质地新鲜、细嫩易熟、无异味的原料，如猪里脊肉、鸡胸脯肉、鱼肉、虾仁、鸡肝、蘑菇等。

一、软炸的工艺流程

原料选择→初加工→刀工处理→腌渍入味→挂蛋清糊→油锅炸制→出锅装盘。

二、软炸菜肴的成品特点

软炸菜肴一般具有色泽浅黄、外松软内鲜嫩、咸鲜适口等特点。

三、软炸的操作要领

（1）原料在刀工处理时多为块、条、片等，原料较大的可先剞上花刀。

（2）软炸菜肴的原料腌渍时，要码味均匀。由于原料质地比较鲜嫩，一般口味不宜过重。

（3）软炸菜肴一般使用的是蛋清糊，可以保持菜肴松软的口感。调糊时要掌握好稀稠度，太稀，就会挂不上糊或挂糊过薄，影响质地；太稠，就会挂糊不均匀，影响菜品美观和食用。

（4）原料挂好糊后应尽快下锅，防止原料出水。下锅时，应逐块下入，防止粘连。

（5）油炸时，控制好油温不可过高，一般在 6 成以下，根据原料性质，掌握好菜肴的色泽及成熟度。

【任务讲解】

本次任务是软炸蘑菇的制作，关键在于蛋清糊的调制及炸制过程中对火候的控制。具体操作步骤如下：

（1）将鲜蘑菇去根、洗净，捞出控水，撕成 1 厘米宽的条备用。

（2）沸水锅对蘑菇条进行焯水，焯好后过凉，攥去水分。

（3）将蘑菇条中加入葱、姜、盐、味精、料酒，调拌均匀，静置入味。

（4）使用面粉、干淀粉、蛋清、清水调制蛋清糊备用。

（5）将腌渍入味的蘑菇条放入蛋清糊中，调拌均匀。

（6）油温约5成热时，将蘑菇条逐条下入，待外糊定型后，用手勺将粘连在一起的蘑菇条打散。

（7）待炸至挺身时，捞出；油温升至 6 ~ 7 成热时，再次放入蘑菇条，复炸至浅黄色，捞出控油。

（8）出锅装盘，外带椒盐味碟上桌食用。

注意事项：

（1）焯过水的蘑菇条应在去掉大部分水的同时，保证蘑菇条的形状完整。

（2）由于蘑菇比较鲜嫩，调味时不能味道过重。

（3）植物性原料本身比较容易成熟，因此炸制的油温不能过高。

【拓展训练】

我们使用植物性原料——鲜蘑菇制作了软炸菜肴，如果使用动物性原料进行软炸，会有什么不同呢？大家可以尝试一下软炸凤尾虾。此菜肴使用的是鲜虾，去头、去壳、留尾，裹上蛋清糊后，经炸制而成，形似凤尾。

训练提示：

（1）软炸凤尾虾使用的是整虾，在对其进行刀工处理时，需要在虾肉面处轻轻剞上十字花刀，既便于成熟，又能保证虾肉在炸制过程中不卷曲。

（2）在挂糊时，虾的尾部不要挂上糊，否则“凤尾”便无法呈现。

任务4 酥炸——香酥鸡腿的制作

【任务导入】

鸡腿是动物性原料中质地比较鲜嫩的一种，其脂肪含量较少、肉质细嫩，深受大家的喜欢。鸡腿的做法很多，如卤、酱、炸等。如果想得到外皮酥脆、内里滑嫩的口感，酥炸是不错的选择。

图 1–4 香酥鸡腿

【任务描述】

本次任务是香酥鸡腿的制作，关键在于炸制过程中对火候的控制。酥炸所使用的糊是“酥炸糊”，即在蛋清糊中加入适量的油，保证在炸制过程中淀粉糊化并迅速脱水变脆。本次任务中的鸡腿，在酥炸之前需要将其蒸熟，酥炸时可以挂糊也可以不挂糊，最终使鸡腿达到外酥里嫩的效果。

【知识准备】

酥炸是指将经过初加工后的原料，经刀工处理后，先用调味品腌渍入味，再挂上酥炸糊，用热油炸制成菜；或者将腌渍好的原料蒸熟（或煮熟）后，直接下入油锅，用热油炸制成菜。酥炸类菜肴一般应选用质地细嫩新鲜的动物性原料，如鱼、虾、鸡翅、鸡腿等。

一、酥炸的工艺流程

原料选择→初加工→刀工处理→腌渍入味→初步熟处理或挂酥炸糊→油锅炸制→改刀成型或直接装盘。

二、酥炸菜肴的成品特点

酥炸菜肴一般具有色泽金黄或深黄、外酥松或香酥、内软嫩或鲜嫩、咸鲜适口、香味浓郁等特点。

三、酥炸的操作要领

（1）酥炸原料有的需要去骨取肉，一般需要挂糊后炸制；有的不需要去骨，大多整型使用。一般需要在炸制之前蒸熟或煮熟，质老、体大的原料一般采用蒸熟的方法，质嫩、形小的原料一般采用煮熟的方法。

（2）酥炸菜肴使用的是酥炸糊，即在蛋清糊中加入适量的油。在调制酥炸糊时，应多搅拌，使油均匀地分布在面粉颗粒之间，以便在炸制时能迅速形成空隙，使原料外皮酥脆。

（3）油炸时，要控制好油温。挂糊炸的原料，一般在油温为 5 ~ 6 成热时逐个下锅，待原料表层结壳后捞出，再升高油温至 7 ~ 8 成热，下原料复炸至外表金黄酥脆。经过初步熟处理、不挂糊而直接酥炸的原料，油温的控制更加重要。油温过高，易导致原料上色过重；油温过低，易导致原料口感变硬。

【任务讲解】

本次任务是香酥鸡腿的制作，关键在于炸制过程中对火候的控制。具体操作步骤如下：

（1）将鸡腿加工整理干净备用，用葱、姜、盐、味精、料酒、生抽、老抽、八角、香叶、山奈、草果等腌渍入味。

（2）蒸锅上汽后，将腌渍入味的鸡腿上笼蒸熟取出。

（3）去掉腌渍使用的葱、姜和香料，控净水分。

（4）锅中加宽油，大火加热，烧至油温 7 成热时，放入鸡腿。

（5）炸制定型后，使用漏勺翻动，以便受热均匀，炸至鸡腿外皮酥脆时捞出，控油。

（6）出锅后摆入盘中，外带椒盐味碟上桌。

注意事项：

（1）鸡腿在初步熟处理时，宜蒸不宜煮，以防在煮制时鸡腿的营养和鲜味流失。

（2）鸡腿在蒸制时，要掌握好火候，一般采用旺火足汽蒸制 15 ~ 20 分钟。

（3）鸡腿在炸制前要控干水分，以防热油飞溅伤人。

（4）炸制时，要控制好油温。油温过高，外皮容易裂或上色过重；油温过低，鸡腿水分和鲜味流失过多，口感和风味变差。

【拓展训练】

本次任务我们是将鸡腿蒸熟后，不挂糊直接酥炸。另一种酥炸方法是给原料挂上酥炸糊后再炸制。锅烧大肠是一道传统名菜，这道菜对原料的前处理过程、酥炸糊的调制以及炸制过程中油温的控制要求较高。大家可以尝试一下，这种酥炸方法有什么不同。

训练提示：

（1）锅烧大肠所用大肠的前处理过程比较复杂，要尽可能除去异味。

（2）酥炸糊在调制时，要注意稀稠度。

（3）炸制过程中的油温，一般要在 6 成热以上。

任务5　脆炸——脆皮南瓜条的制作

【任务导入】

南瓜营养丰富、口感香甜，是老少皆宜的食品。要想保持南瓜熟制后的软糯口感，可以采取挂糊后炸制的方法。那什么样的“糊”能够做到呢？

图 1–5　脆皮南瓜条

【任务描述】

本次任务是脆皮南瓜条的制作，关键在于脆皮糊的调制和炸制过程中对火候的控制。脆炸所使用的糊是脆皮糊或挂上脆皮水，脆皮糊一般适用于生料，脆皮水一般是挂在熟料上。本次任务中的南瓜条，在炸制之前不经过熟制，挂上脆皮糊后要经过复炸，最终得到外酥里嫩的脆皮南瓜条。

【知识准备】

脆炸又称脆皮炸，是将经过初加工后的原料，经刀工处理后，先用调味品腌渍入味，再挂上脆皮糊，放入热油锅炸制成菜；或者将腌渍好的原料制熟（有的不制熟）后，挂上脆皮水晾干，放入温油锅中炸制原料皮脆的一种烹调方法。脆炸类菜肴一般选用新鲜、质嫩、异味轻的动物性原料和鲜味充足的植物性原料，如鱼肉、虾仁、鸡肉、里脊肉、香菇、笋尖、南瓜等。

一、脆炸的工艺流程

原料选择→初加工→刀工处理→腌渍入味→挂脆皮糊或脆皮水晾干→油锅炸制→改刀成型或直接装盘。

二、脆炸菜肴的成品特点

脆炸菜肴一般具有色泽金黄或枣红、外酥脆内滑嫩、外形饱满等特点。

三、脆炸的操作要领

（1）脆炸类菜肴的原料一般处理成条、段、块等小型原料，要求大小一致、长短均匀。

（2）脆皮糊在调制时要掌握好比例和浓度，不可朝一个方向搅拌，以防糊上劲。

（3）需要挂脆皮糊的原料，挂糊要均匀，以防炸制后颜色不一。炸制油温在6成热左右。油温过低，易导致外皮不脆；油温过高，易导致原料颜色过重。

（4）不挂脆皮糊的原料，制熟后要擦干或晾干表面水分，再挂上一层脆皮水，放于阴凉通风处晾干，再下油锅炸制。生料炸，宜采用温油浸炸；熟料炸，相对于生料炸的油温要高一些，但也要控制好。油温过高，则原料上色较重；油温过低，则原料水分和鲜味失去较多，影响质地。

【任务讲解】

本次任务是脆皮南瓜条的制作，关键在于脆皮糊的调制与炸制过程中对火候的控制。具体操作步骤如下：

（1）将南瓜洗净、控水、去皮，切成长6厘米、粗1厘米的一字条。

（2）将面粉、淀粉、酵母、盐、碱面、油、清水等搅拌均匀制成脆皮糊。

（3）将南瓜条下入糊中，调拌均匀。

（4）锅中加宽油，大火加热，烧至油温5～6成热时，逐条下入油中，待糊定形后，将粘连的原料打散。

（5）炸至南瓜条呈淡黄色后捞出。

（6）继续加热，待油温升至6～7成热时，再次下入炸过的南瓜条，复炸至色泽金黄、外酥脆时，捞出控油。

（7）摆入盘中，外带番茄酱味碟上桌即可。

注意事项：

（1）此菜口味略甜，因此不加底味调味，应选择质老、甜糯的南瓜。

（2）调制糊时，要掌握好稀稠度；挂糊要均匀。

（3）炸制时，由于是直接炸制，因此要控制好油温。油温过高，则原料上色过重；油温过低，则油易浸入糊中，影响成品的颜色和质地。

【拓展训练】

脆皮鲜奶中的“鲜奶”是将鲜牛奶倒入锅中，加入其他配料，小火熬至稠浓，放入冰箱冷冻成型，刀工处理后挂上调制好的脆皮糊，过油炸至外皮金黄酥脆，内里洁白软嫩。此菜肴与脆皮南瓜条相比，对脆皮糊稀稠度的要求更高。

训练提示：

（1）在熬制“鲜奶”时，一定要使用小火，温度过高容易导致鲜奶变黄。

（2）在调制“脆皮糊”时，要掌握好稀稠度。

任务6 板炸——板炸鸡的制作

【任务导入】

板炸鸡——鲁菜中的一道传统特色菜肴，需要将鸡脯肉片成大片再进行炸制。那么，大片炸制如何做到不卷曲、成形整齐美观呢？

图 1-6 板炸鸡

【任务描述】

本次任务是板炸鸡的制作，它是将鸡脯肉片成大片，两面打十字花刀，加调味品腌渍入味，再拍干粉，拖蛋黄液，拍蘸面包糠，过油炸至色泽金黄。成品外观带有颗粒，成形独特，外酥里嫩。

【知识准备】

板炸，是将经过初加工后的原料，经刀工处理，用调味品腌渍入味，然后经拍干粉，拖蛋液，最后蘸面包糠（或芝麻），投入油锅炸制成熟的一种烹调方法。板炸类菜肴一般应选用质地细嫩、鲜味充足的动物性原料以及部分植物性原料，如鸡脯肉、鱼肉、猪里脊肉、冬瓜等。

一、板炸的工艺流程

原料选择→初加工→刀工处理→腌渍入味→拍粉→拖蛋液→蘸面包糠→油锅炸制→出锅装盘。

二、板炸菜肴的成品特点

板炸菜肴一般具有色泽金黄、带有颗粒、外皮酥香、内里软嫩的特点。

三、板炸的操作要领

（1）原料在刀工处理时，以大片为主，对于有韧性的材料，如鸡排、肉排等，为了防止炸制时卷曲，在不破坏原料性状完整性前提下，需用刀尖或刀跟在原料两面钎一下。

（2）原料腌渍入味后，需掌握好挂糊顺序，先拍干粉（淀粉或面粉），再拖鸡蛋液，然后蘸面包糠。

（3）原料拍粉和蘸面包糠时，要求均匀、牢固，不能太厚或太薄，一般现拍现炸，下锅炸制前应再用手轻轻拍一下，使面包糠粘附得更牢固。

（4）板炸菜肴需要控制好油温。先用温油炸至定型，再升高油温。

（5）炸制时，勤翻动原料。板炸原料为片状，炸制时浮于油面上，容易色泽不匀。

【任务讲解】

本次任务是板炸鸡的制作，关键在于刀工处理及对油温的控制。具体操作步骤如下：

（1）鸡脯肉初加工整理洗净，平刀片成 0.4 厘米厚的大片，两面打上十字花刀。

（2）将鸡脯肉片放入盘中，加入葱片、姜片、盐、味精、胡椒粉，拌匀入味，放置一段时间，期间翻面。

（3）取出肉片，拍上干粉，再拖蛋液，然后拍蘸面包糠，并用手按实备用。

（4）油温 5 ~ 6 成热时，改小火，入锅炸制，定型后，轻轻翻动使两面受热均匀，炸至浅黄色捞出。

（5）待油温升至 7 ~ 8 成热时，复炸至色泽金黄、外表酥脆。

（6）捞出控油，稍晾凉后，改刀成 1.5 厘米宽长条，装盘上桌，外带椒盐味碟食用。

注意事项：

（1）刀工处理要均匀，将筋络剞断，以防炸制时卷曲。

（2）掌握好挂糊顺序。拍粉要均匀，面包糠要蘸牢。

（3）炸制时控制好油温，保证原料成熟的同时外皮酥脆。

【拓展训练】

板炸鸡在制作时需将鸡脯肉片大片后打花刀，另一道炼乳素肉直接切长方片即可。炼乳素肉是以冬瓜为主要原料，切成长方片后，沸水焯烫后加盐略腌，拍粉、拖蛋液、蘸面包糠后入油锅炸制成熟。

训练提示：

冬瓜在刀工处理时要均匀，厚薄一致，以使成品整齐美观；焯烫时，要注意火候，以防时间过长而导致冬瓜片失形。

任务7 松炸——松炸香椿的制作

【任务导入】

松炸香椿，以嫩香椿芽为主料，挂酥糊炸制而成，其状如鱼形，故又名炸香椿鱼。但是，香椿因地区、品种、生长期的不同，其中的硝酸盐和亚硝酸盐的含量也不同，因此在香椿的选择上需要加以注意。

图 1-7 松炸香椿

【任务描述】

本次任务是松炸香椿的制作，它是将香椿嫩芽加入调味品拌腌入味后，挂蛋泡糊，过油炸至成熟。成品色泽洁白，外松软里鲜嫩，香味浓郁，形似鱼、味如鱼。

【知识准备】

松炸，是将经质嫩、无骨的原料，经刀工处理成条、片状，用调味品腌渍入味，挂匀蛋泡糊，温油慢火炸制成熟的一种烹调方法。板炸类菜肴一般应选用新鲜、质地细嫩、无异味的动植物性原料，如虾仁、牡蛎、里脊肉、苹果、蘑菇等。

一、松炸的工艺流程

原料选择→初加工→刀工处理→腌渍入味→挂蛋泡糊→油锅炸制→出锅装盘。

二、松炸菜肴的成品特点

松炸菜肴一般具有色泽洁白、外松软内鲜嫩、外表涨发饱满的特点。

三、松炸的操作要领

（1）原料在刀工处理时，以条、片等小型形状为主，不需要刀工处理的原料形体也不宜过大。

（2）原料一般需要腌渍入味后，挂糊炸制。

（3）蛋泡糊调制要一次到位，不能过度搅拌起劲，调好立即使用，否则蛋泡糊的蓬松性和黏附性减弱。

（4）板炸菜肴需要控制好油温。一般在 90 ~ 120℃。

（5）炸制时，要逐个挂糊，逐个入锅炸制。

【任务讲解】

本次任务是松炸香椿的制作，关键在于蛋泡糊制作及对油温的控制。具体操作步骤如下：

（1）将香椿芽洗净，控净水分，切去质老的根部。

（2）香椿上撒盐、味精，调拌腌渍入味。

（3）调制蛋泡糊。取大碗打入蛋清，用蛋抽顺一个方向反复不停地抽打，至呈蛋泡状能立住筷子，放入干淀粉，调拌均匀。

（4）腌渍好的香椿芽先拍层干面粉，再挂匀蛋泡糊。

（5）油温 3 ~ 4 成热时，逐个入油，定型后用筷子轻轻翻动，炸制嫩熟，捞出控油。

（6）出锅装盘，外带椒盐味碟上桌食用。

注意事项：

（1）香椿要选择质地最嫩的部分。

（2）蛋泡糊调制要顺一个方向且一气呵成。

（3）挂糊要均匀，薄厚适度。

（4）炸制时要控制好油温，保证原料成熟的同时外皮酥脆。

【拓展训练】

用同样的方法，还可以制作雪丽大虾。雪丽大虾是一道传统鲁菜，将大虾去头、去壳、留尾，从背部片开，腹部相连，打上花刀后加调味品腌渍，挂上蛋泡糊后入油锅炸制成熟。

训练提示：

大虾在加工时要注意形体完整，打花刀时宜浅不宜深。在挂糊时，虾尾不挂糊。

任务8　卷包炸——纸包大虾的制作

【任务导入】

纸包炸是卷包炸的一种，源于广西，传入山东后加以改进，又制作了很多种菜肴，纸包大虾是将大虾处理后用锡纸包好过油炸制嫩熟，能够最大限度地保留原汁原味。

图 1-8　纸包大虾

【任务描述】

卷包炸是将原料初步加工后，用其他原料或皮料卷包住，再封口后炸制成熟。成品质地软嫩，鲜香味美。本次任务是纸包大虾的制作，用的卷包材料是锡纸，如何使纸包不爆开，控制油温极为关键。

【知识准备】

卷包炸是将经过初加工后的原料，经刀工处理成细小的形状（丁、丝、条、片或茸泥等），用调味品腌渍后，用包卷皮料卷起来或包裹住（有的再挂糊或拍粉），入油锅炸制成菜的一种烹调方法。

卷包炸类菜肴一般选用鲜味足、异味轻、质地细嫩的动物性原料，如鸡脯肉、虾仁、火腿、净鱼肉等。若选用植物性原料，则选用香菇、荸荠、嫩笋、木耳等鲜香味足的原料。

一、卷包炸的工艺流程

原料选择→初加工→刀工处理→腌渍入味→卷包成形→拍粉或挂糊（可不拍）→油锅炸制→改刀（可不改）→出锅装盘。

二、卷包炸菜肴的成品特点

卷包炸菜肴一般色泽金黄、外皮酥脆、内部鲜嫩、香味浓郁、咸鲜味美。

三、卷包炸的操作要领

（1）原料在刀工处理时，馅料以薄片、细丝、小丁、粒、茸等细小形状为主，要求刀工精细、均匀一致；皮料要求薄厚均匀且平整。

（2）馅料根据皮料灵活掌握浓稠度，若皮料不可食用，卷包时可加入适量香油，以防粘连。

（3）卷包要结实，封口要严，不能露馅，以防油渗入其中。

（4）炸制后控净油分，否则影响质感。

【任务讲解】

本次任务是纸包大虾的制作，关键在于锡纸的包裹及炸制过程中对火候的控制。具体操作步骤如下：

（1）大虾去头，去虾身的壳，留虾尾，开虾背，腹部相连，去虾线，清水洗净并控净水分。

（2）肉面上轻轻打花刀，加入盐、料酒、味精、胡椒粉、葱片、姜片、蛋清、湿淀粉，抓匀腌渍入味。

（3）将大虾从头部向尾部卷起，使其成长方形。

（4）平铺锡纸，一侧中间放入卷好的大虾，包成长方形。

（5）油温 5 成热时，下锅炸制，炸制时不断翻动，以便受热均匀。

（6）纸包浮起时，即达嫩熟，捞出控净油分。

（7）出锅装盘，外带椒盐味碟上桌食用。

注意事项：

（1）大虾打花刀宜浅不宜深，注意形状完整。

（2）纸包包裹不宜太紧，否则不易成熟。包裹时留一角，方便拆开食用。

（3）若油温过高，纸包会爆开，因此必须掌握好油温。

【拓展训练】

纸包大虾的皮料是锡纸，不可食用，接下来，我们用可食用的鸡蛋皮做一道卷包炸菜肴——炸春卷。炸春卷是将吊好的鸡蛋皮做皮料，将炒好的鸡丝、韭菜、掐菜等做馅料，卷制后下油炸至成熟。

训练提示：

在吊制鸡蛋皮时，锅一定要滑，要掌握好火候；卷制要紧，且粗细均匀，以防炸制开口。

任务9 油淋——油淋糯米鸡的制作

【任务导入】

油淋糯米鸡是中国一道传统名菜，对制作技艺要求较高，与本书前面的入油锅炸制方法不同的是，本菜采用油淋的方法，最大特点是表皮酥脆醇香，内里肉质油润，馅料软糯鲜香，食之回味无穷。

图 1–9 油淋糯米鸡

【任务描述】

本次任务是油淋糯米鸡的制作，是将肥母鸡进行整料去骨，再灌入经过加工配制的糯米馅料，经高温蒸熟后再用热油进行淋炸。关键在于对蒸制糯米鸡的火候和淋炸糯米鸡的油温的控制，原料要熟透，且保持完整性。

【知识准备】

油淋是将加工整理好的带皮原料加调味品腌渍入味后，边炸制边用手勺舀热油淋浇在原料上（有些原料需要先加热到一定成熟度，再油淋），使原料成熟或上色的一种烹调方法。油淋常采用质地鲜嫩、形体完整且较小、表皮完整、容易成熟的动物性原料，如乳鸽、仔鸡、仔鸭等。

一、油淋的工艺流程

原料选择→初加工→腌渍入味→初熟处理→油淋炸→改刀→装盘食用。

二、油淋菜肴的成品特点

油淋菜肴一般具有色泽红亮、外皮干香酥脆、内里肉质香嫩、制法独特等特点。

三、油淋的操作要领

（1）原料初加工要保证外皮完整性，初熟处理时，要求原料熟透并保持完整的外观形状，以突出其美观。

（2）原料腌渍时，时间要长一些，保证入味。

（3）淋炸时，要先淋炸原料质地较老、肉质较厚的部位，再淋炸质地较嫩、肉质较薄的部位，已达到原料均匀受热，保证成品菜肴色泽、质感和成熟度一致。

【任务讲解】

本次任务是油淋糯米鸡的制作，关键在于对蒸制糯米鸡的火候和淋炸糯米鸡的油温的控制。具体操作步骤如下：

（1）将整鸡去骨的小母鸡洗净，放入盘中。

（2）加盐、味精、料酒、胡椒粉，在鸡的表皮和腹腔中涂抹均匀，腌渍入味。

（3）将糯米加清水泡透，蒸制熟透，晾凉备用。

（4）将草菇、海参、五花肉、火腿都加工整理洗净，切成小粒，葱姜切末。

（5）锅内加底油，旺火下五花肉煸炒至发白，下葱姜末炒出香味，下草菇粒、海参粒、火腿粒，加料酒、生抽、蚝油、盐、味精、五香粉炒拌均匀。

（6）加入蒸好的糯米，淋花椒油，成糯米馅，晾凉后填入鸡腹，封口。

（7）锅内加清水烧开，糯米鸡放漏勺内，手勺舀热水烫遍鸡全身，控净水分后入蒸锅蒸制 20 分钟。

（8）取出后，趁热擦干表皮水分，均匀涂抹糖稀，晾透。

（9）锅内宽油，旺火加热，油温 6 ~ 7 成热时，将蒸好的糯米鸡放漏勺上，架于油锅上方，用手勺舀着热油反复淋炸，至鸡表皮呈红色、外皮酥脆时，控净油分装盘。

注意事项：

（1）糯米浸泡时间越长越易成熟软糯，味道越好。

（2）要掌握好鸡腹内糯米馅的量，过少则不饱满，过多则糯米发胀会使鸡变形，甚至撑破。

（3）掌握好蒸制火候，火力不宜过大，时间不宜过长。

（4）掌握好淋炸油温，根据原料部位不同，掌握好淋炸次数。

【拓展训练】

脆皮乳鸽是油淋的一道著名菜肴，也是酒店中高档筵席常用的传统名菜。将乳鸽加工整理后放入锅，加入各种香料卤至嫩熟，挂浆晾干，用热油淋炸至色泽大红、外皮酥脆，食之皮脆肉嫩，口味鲜美，营养丰富，滋补养生。

训练提示：

油淋时的油温非常重要。油温过高，成品会发黑且产生苦味；油温过低，则达不到皮脆色红的效果。

任务10　油浸——油浸鳜鱼的制作

【任务导入】

油浸，是我国烹调技术中的一种特殊技法，原料以油为导热体，大油量、高油温下料，加热至熟，再另外调味。用油浸技法制作的菜肴不仅鲜嫩异常，而且能保持原料本色。油浸鳜鱼就是一道常做的菜品。

图 1-10　油浸鳜鱼

【任务描述】

本次任务是油浸鳜鱼的制作，关键在于对油温的控制。鲜鱼类原料鲜味足、质细嫩、肉厚、形体适中，最适合采用油浸的方法制作，新鲜软嫩。

【知识准备】

油浸是将鲜活质嫩的原料加工后，放入温油锅中，用小火温油慢慢将原料浸泡成熟的一种烹调方法。油浸所用的原料主要是鲜鱼类，要鲜活、质嫩、形状完整。

一、油浸的工艺流程

原料选择→初加工→油浸炸→装盘食用。

二、油浸菜肴的成品特点

油浸菜肴成品鲜嫩柔软，保持本身色泽。

三、油浸的操作要领

（1）油浸原料加工要得当，做到形体完整，色泽白净。

（2）油浸时油量宜大，基本条件是油能没过原料，原料下锅后可不必翻动。

（3）原料浸熟后，应马上捞出，沥干油分。

【任务讲解】

本次任务是油浸鳜鱼的制作，关键在于对油温的控制。具体操作步骤如下：

（1）鳜鱼去鳞、鳃，口中插入竹筷，掏出内脏洗净。

（2）葱、姜切丝备用。

（3）锅内入油，烧至4成热时放入鳜鱼，保持油温约15分钟，鱼脊处没有血水即可捞出装盘。

（4）将辣酱油、绍酒、白糖、盐、味精、柠檬汁调成汁浇在鱼身上，将葱姜丝放在鱼身上。

（5）将少许沸油浇在葱姜丝上，即可食用。

注意事项：

（1）要掌握好油温，小火使原料内部成熟。

（2）最后一步浇油要用沸油。

【拓展训练】

油浸菜肴鲜嫩爽口，保留原汁原味，许多原料都可以采用油浸的方式，油浸花枝也是非常典型的一道油浸菜，先将净墨鱼肉斜刀批成大薄片，加盐、姜葱汁、麻辣酱和辣鲜露腌渍，青瓜削皮并切成条，放入烧热的香料油锅里烫至断生，随后把花枝片也放入香料油锅里，浸至刚熟便捞出来，摆在青瓜条上面，把烧椒碎、蒜泥、小米辣末、香菜末、豆豉碎、葱花和生抽纳盆，调匀便倒在盆中花枝片上面，即成。

训练提示：

要选择新鲜细嫩的花枝，并处理干净，火候掌握要得当。

任务11　油泼——油泼明虾的制作

【任务导入】

虾的做法有很多种，油泼明虾就是一道历史悠久的名菜，鲜香甜咸四种味道相辅相成，回味无穷。

图 1–11　油泼明虾

【任务描述】

本次任务是油泼明虾的制作，它是将明虾加工整理洗净后，放入盘中，浇上调好味的汁，上笼蒸制嫩熟，再浇泼上加入料头熬制的热油，成品色泽艳丽，香味浓郁，鲜嫩美味，营养丰富。

【知识准备】

油泼是将鲜嫩和小型的原料，经调味品腌制后放在漏勺里，待油烧到冒青烟时，用勺将热油均匀泼洒在原料上，使之快速成熟的一种烹调方法。油泼的原料一般要鲜嫩、形小、质嫩，需要腌渍入味。

一、油泼的工艺流程

原料选择→初加工→刀工处理→腌渍入味→初熟处理→盛装入盘→撒上料头→浇上热油泼→成菜上桌。

二、油泼菜肴的成品特点

油泼菜肴一般色泽浅黄、金黄或红亮，质地鲜嫩、口味鲜美、香味浓郁。

三、油泼的操作要领

（1）原料在刀工处理时要均匀，大块原料需花刀处理，以便受热均匀。

（2）油泼前一般需要初熟处理，一般以断生或嫩熟为宜，保证鲜嫩质感。

（3）油泼油温要高，在 7 ~ 8 成热以上，充分激发原料香味。

（4）油泼的油量要掌握好，量多则油腻；量少，温度不够，则达不到效果。

【任务讲解】

本次任务是油泼明虾的制作，关键在于油泼时对油温和油量的掌握。具体操作步骤如下：

（1）初加工整理明虾，去虾枪、须、腿，摘虾线，清水洗净，放入盘中。

（2）加盐、料酒、味精、生抽、胡椒粉，封保鲜膜。

（3）入蒸锅旺火蒸至嫩熟，撒大葱丝、尖椒圈。

（4）锅内入油，旺火加热，至 7 ~ 8 成热时，下洋葱块、芹菜段、姜片、蒜片，炒至料头稍发煳，捞出。

（5）热油浇泼在蒸好的明虾上，上桌食用。

注意事项：

（1）此菜一定选用新鲜有光泽的明虾，初加工要处理干净。

（2）蒸制时掌握好火候，蒸制嫩熟即可。

（3）浇泼热油时，油温要高。

（4）制作完成后，迅速上桌。

【拓展训练】

葱油鳜鱼是鲁菜宴席的一道传统名菜，也是采用的油泼的烹饪方法，其形美味鲜，清淡素雅，咸香微辣。此菜以鳜鱼为主材料，初处理后打上花刀，加调味品后蒸熟，撒上葱丝，浇上调好的汁，最后，锅内上火加油，放十几粒花椒，烧热至冒烟趁热浇在鱼身上，成品葱香肉美，汤汁入肉，非常鲜美。

训练提示：

鱼在打花刀时要深至鱼脊，蒸制时以嫩熟为宜，一般旺火 8 ~ 10 分钟即可。

项目二　炒锅

项目导读

【任务描述】

炒是我国传统烹调中最常用的一种方法，人们常把“炒菜”作为烹饪行业和中国菜式的代用词。在北方，人们把“做饭”和“炒菜”两个词互为通用，甚至把厨师统称为“炒菜的”。其实，炒只是众多烹调方法中比较突出的一种。

炒是将经过加工的鲜嫩小型的原料，以中油量或小油量，用旺火或中火在短时间里加热调味成菜的一种烹调方法。

炒的特殊性在于其四个基本要素：一是油量少，一般只要使原料表面裹上油即可；二是油温较高，一般在 4 ~ 8 成热投入原料;三是主料形状小，如丝、丁、片等;四是加热时间短，翻炒菜肴速度快。

本项目共有五个任务，分别使用的炸制方法有生炒、熟炒、干炒、软炒、滑炒等，这些炒制方法最主要的区别在于原料的前处理过程不同。大家通过项目实施，能掌握常用的炒制方法。

【任务目标】

通过本项目的学习，掌握常用的炒制方法，特别是制作过程中的操作关键。

【重点难点】

重点：常用的炒制方法和操作关键。

难点：在操作过程中的技巧及注意事项的熟练应用。

任务1 炒

子任务1 生炒——青椒土豆丝的制作

【任务导入】

土豆营养价值丰富，其蛋白质接近动物蛋白，富含赖氨酸和色氨酸。青椒土豆丝作为一道家常菜品，做法简单，营养丰富，美味可口，非常受欢迎。这道菜看似简单，却非常考验烹饪基本功。

图 2-1　青椒土豆丝

【任务描述】

本次任务是青椒土豆丝的制作，就是将土豆切丝后旺火快炒而成，看似平淡无奇，却美味可口、营养丰富。

【知识准备】

生炒又称生煸，是将切配加工成丁、片、丝、条等形状的小型原料，不经上浆或挂糊，直接放入少量热油锅中，利用旺火快速炒至成熟的一种烹调方法。生炒类菜肴一般采用质地鲜嫩、易熟的新鲜动植物性原料。

一、生炒的工艺流程

原料选择→初加工→刀工切配→快速炒制→装盘成菜。

二、生炒菜肴的成品特点

生炒菜肴一般具有汤汁较少或无汤汁、质地鲜嫩、干香爽脆、口味鲜美的特点。

三、生炒的操作要领

（1）原料切配形要小，如丝、丁、片、粒、末等，以便快速成熟入味。

（2）单一品种原料可一次性入锅，不同原料合炒时，要根据原料的质地、口味、耐热程度等先后下锅炒制。

（3）生炒前要将锅涮滑，先烧热锅，再入油，边加热边晃动锅，可重复此步骤直到锅滑，再倒出热油，用温油炒制。

（4）干炒动作要迅速，旺火速成，急火快炒，下料集中，翻炒均匀，使原料受热一致且渗透入味。

【任务讲解】

本次任务是青椒土豆丝的制作，关键点在原料切配和旺火炒制。具体操作步骤如下：

（1）将土豆去皮切 0.2 厘米见方的丝，将切好的土豆丝放入水中浸泡。

（2）将青椒去把、去籽、去筋，切成与土豆丝同样粗的丝。

（3）待水开后放少许油、盐，将切好的土豆丝飞水至 7 成熟，倒出沥水备用。

（4）锅中入油，将锅涮滑，油温后放入青椒炒出香味，后放入土豆丝炒制，炒至 8 成熟时加入盐和味精调味。

（5）翻炒均匀，起锅装盘。

注意事项：

（1）刀工处理一定要均匀，以便受热均匀，成熟及入味程度一致。

（2）原料炒至断生为宜。

（3）炒制后立即出锅装盘，不能在热锅中停留过长时间。

【拓展训练】

青椒土豆丝的两种原料都是植物性原料，成熟度相差不大。芹菜炒肉丝的两种原料成熟度不同，该如何炒制呢？

芹菜炒肉丝就是将猪瘦肉切成丝，旺火热油炒至发白，下小料稍炒，沸入甜面酱炒香至发红，再加调味品及焯过水的芹菜段，翻炒入味，肉丝红润，芹菜翠绿、脆嫩，酱香味浓，味美爽口。

训练提示:

芹菜焯水时，要掌握火候，以断生为宜，以防时间过长，失去翠绿的颜色和脆嫩质感;肉丝炒制时，要掌握好火候，时间长会质地变老，失去鲜嫩特色。

子任务2 熟炒——回锅肉的制作

【任务导入】

回锅肉在各大菜系中都有不同的做法，所谓“回锅”，就是再次烹调的意思，此菜减少了肉的可溶蛋白的流失，保持了肉质的鲜香浓郁，且不失原味。

图 2-2 回锅肉

【任务描述】

本次任务是回锅肉的制作，它是将带皮的猪五花肉改刀成大块，放入清水锅中煮至 6 ~ 7 分熟，切成大片，热锅凉油炒至卷曲，下入豆瓣酱炒至上色，再加调味品及配料炒制入味，色香味俱全，颜色养眼，食之口味独特，肥而不腻，入口浓香。

【知识准备】

熟炒是将经过初步处理的半熟或全熟的原料，加工成片、丝、条等形状，不上浆、码味，用中火少量油，加调料炒制成熟的一种烹调方法。熟炒类菜肴一般选用质地醇厚或鲜香的动物性原料，配料一般选用带有特定芳香气味的植物性蔬菜类原料，选用调料的滋味一般也应比较醇厚且有一定浓稠度。

一、熟炒的工艺流程

原料选择→初加工→初熟处理→改刀成形→调味炒制→出锅装盘。

二、熟炒菜肴的成品特点

熟炒菜肴一般具有明油亮汁、干香咸鲜、质地柔韧、口味浓香、滋味醇厚等特点。

三、熟炒的操作要领

（1）原料在前期熟处理时，根据菜肴的质量要求和原料性质加热至半熟或全熟的状态。

（2）刀工处理要以片、条、丝等小型料形为主，可比生炒形状稍厚大。

（3）经初步熟处理的原料尽量不要再冷冻，以免加热脱水，影响原料质感。

（4）熟炒一般以中火为主，若原料量多，可用旺火；油温控制在五六成热为宜，炒制时油不能太多；反复翻炒至香味透出，及时出锅装盘。

【任务讲解】

本次任务是回锅肉的制作，关键点在刀工处理及火候的控制。具体操作步骤如下：

（1）将带皮的猪五花肉洗净，改刀成大块。

（2）下入清水锅，旺火烧开，撇净浮沫，改成小火煮至7分熟，捞出控水晾凉。

（3）晾凉的猪五花肉切成长6厘米、宽5厘米、厚0.3厘米的大片，每片肉都要肥瘦相连且带皮。

（4）青蒜苗洗净控水，切4厘米的段，葱、姜、蒜切片。

（5）锅涮滑后倒入凉油，下入猪肉片，煸至肉片卷曲。

（6）下葱、姜、蒜片，炒香，下郫县豆瓣酱，小火炒出红油。

（7）加料酒、酱油、盐、白糖、味精，翻炒均匀，下青蒜苗段。

（8）翻炒均匀，出锅装盘。

注意事项：

（1）选猪肉时，应当选带皮的五花肉。

（2）切片时，要求每一片都带皮。

（3）掌握好煮制火候，以6～7成熟为宜。

【拓展训练】

豉香金钱肚是将经初熟处理的金钱肚切成一字条，烹制时先下豆豉炒香，再下肚条、鲜尖椒段、蒜薹，加入调味品翻炒入味，色泽鲜艳，肚条柔韧，食之爽口，鲜香味美，豉香味浓，具有补脾益胃、补气养血的功效。

训练提示：

豆豉炒制时，要注意火候，不可炒过，以免发苦；金钱肚焯水时间要稍长一些，炒制时速度要快。

子任务3 干炒——干炒鸡的制作

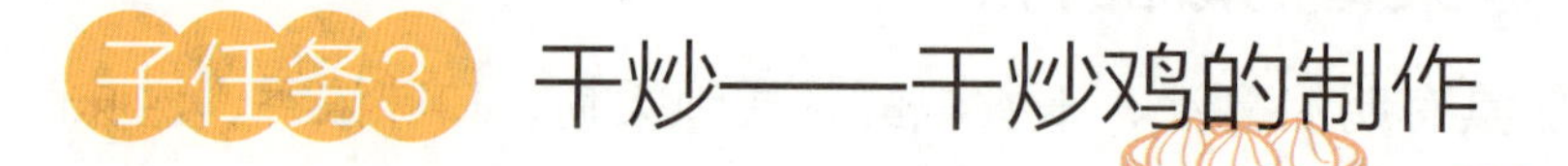

【任务导入】

鸡的做法多种多样，干炒鸡就是非常有代表性的一道菜，干炒鸡是以草鸡为原料，以青椒为配料，采用翻炒的方法制作而成。

图 2-3 干炒鸡

【任务描述】

本次任务是“干炒鸡”的制作，鸡肉用干炒的烹饪方法，成品色泽红亮、干香味厚，不仅香气十足，还非常有口感，越嚼越香。

【知识准备】

干炒又称干煸，是将原料加工成一定的形状，用少量热油和中小火较长时间翻炒原料，将原料内部水分煸干，充分使调味汁渗入原料内部的一种烹调方法。干炒类菜肴一般选用肌肉纤维较长、组织结构紧密、水分较少、质地柔韧、微老的动物性原料及部分质地细嫩的植物性原料，如鱿鱼、鳝鱼、牛肉、猪肉、冬笋、菜薹、黄豆芽、芸豆、青尖椒、西芹等。

一、干炒的工艺流程

原料选择→初加工→刀工成形→煸炒→加入调配料→翻炒入味→出锅装盘。

二、干炒菜肴的成品特点

干炒菜肴一般具有色泽焦黄、金黄或红亮，干香油润，焦香酥脆等特点。

三、干炒的操作要领

（1）干炒原料不上浆、不挂糊、不勾芡。

（2）干炒前要滑锅，保证原料煸炒时不粘锅、不焦煳。

（3）干炒一般用中火，且火力要稳定。若火力过大，则原料内部水分来不及蒸发，会形成外焦内不透的现象；若火力过小，则原料水分不能蒸发，会韧而不酥。

（4）油量要适度。油过多，会使原料干硬；油过少，则原料内部的水分不易煸干。

【任务讲解】

本次任务是干炒鸡的制作，关键点在于火候的控制。具体操作步骤如下：

（1）将鸡肉清洗干净，控水后剁成 2 厘米见方的小块。

（2）生姜切菱形，青红椒切斜刀段，大葱切段。

（3）热锅冷油，油温五成热，八角、桂皮、花椒、干辣椒和香叶入锅炸出香味，下入姜片和蒜片爆香。

（4）下入鸡肉翻炒，炒至鸡肉出油。

（5）加入生抽、黄酒、蒸鱼豉油和郫县豆瓣，翻炒片刻后加小半碗水，盖上锅盖焖煮。

（6）水快煮干时，加入青红椒翻炒至断生，加适量盐炒匀后起锅装盘。

注意事项：

（1）鸡肉炒制的过程中会出水，要继续炒至出油。

（2）青红椒在最后放，断生即可。

【拓展训练】

苦瓜又称君子菜，味苦清香，苦后回味呈甜。干炒苦瓜后却能制作出苦瓜不苦、咸中带甜的滋味来。此菜是将苦瓜片成坡刀片，下入油中略炸，用干辣椒、花椒、葱、姜等炝锅后，下入榨菜炒透，再调好口味下入苦瓜翻匀入味，色泽翠绿，质地脆嫩，辣香咸甜。

训练提示：

制作此菜时，要掌握好苦瓜的嫩度；在选料时，要尽量选择较沉、形状直的苦瓜，且尽量选择幼瓜。

子任务4 软炒——浮油鸡片的制作

【任务导入】

炒浮油鸡片又称炒芙蓉鸡片，是鲁菜的一道传统名菜，将鸡脯肉剔净皮和筋膜，放入搅拌机中打成细泥后制作，菜肴鸡片色泽洁白如雪，质地滑软细嫩，鲜咸味美，清香利口，汤汁透明，老幼皆宜。

图 2-4 浮油鸡片

【任务描述】

本次任务是浮油鸡片的制作，关键点在于搅打鸡茸和火候的控制。将鸡肉茸加入调料搅成稀糊状，用手勺分别撇入 3 ~ 4 成热的温油锅中滑至嫩熟，用热水漂净油分，再煸炒配料调味，下入鸡片勾芡成菜。

【知识准备】

软炒是将经过加工成流体、茸泥、颗粒的半成品原料，先用调味品、鸡蛋、水淀粉等调成茸胶状或半流体，再用中小火温油搅炒至凝结成菜的一种烹调方法。软炒类菜肴一般选用新鲜、质嫩、易熟、无异味、结缔组织少、色泽白净的动植物性原料，如鱼类、豆浆、鲜奶、鸡脯肉、鸡蛋、虾仁等。

一、软炒的工艺流程

原料选择→初加工→刀工处理→调制组合→软炒成熟→装盘成菜。

二、软炒菜肴的成品特点

软炸菜肴一般呈半固体或软固体状的状态，具有质地细嫩、口感滑嫩、鲜香味美、香软油润等特点。

三、软炒的操作要领

（1）原料在初加工时，必须将皮、骨、筋膜去除干净，以免影响成品质量，加工好的原料要泡在水里，去除血水，以保持鲜嫩。

（2）原料在制茸时越细腻越好，有的要求过筛。

（3）调配半成品时，要掌握好鸡蛋、淀粉、高汤及其他调料的量，并把握好比例。

（4）调搅半成品时，应顺着一个方向搅动，炒制时更易成形不松散。

（5）炒制时，要掌握好火候，用中小火炒制。火力过大，就容易煳底；火力过小，就容易影响凝结效果和淀粉糊化，致菜形态散烂或半生不熟。

（6）炒制速度由慢到快，用力先轻后重。

【任务讲解】

本次任务是浮油鸡片的制作，关键点在于鸡片制作和火候的控制。具体操作步骤如下：

（1）鸡脯肉洗净剔除筋膜，改刀成小块，放入搅拌机打成茸泥。

（2）加入清汤、盐、味精、葱姜汁、蛋清、水淀粉，搅成稀糊状，倒入盘中。

（3）水发香菇去蒂，切成菱形片；水发冬笋、火腿，切菱形片。

（4）锅内入油涮滑，倒出热油后入宽油，油温 3 ~ 4 成热时，用手勺舀着鸡糊，分别撇入油中。

（5）成形后轻轻翻动，待鸡片发白、浮起到油面，捞出控油。

（6）锅内清水烧至 90℃，下入油片焯烫，漂去油分，捞出控水。

（7）油烧热，下入冬笋片、香菇片、青豆，煸至断生，下火腿片，入料酒、清汤、葱姜汁，加盐、味精，下入鸡片。

（8）搅匀入味，用水淀粉勾芡。芡汁成熟后，淋上明油，大翻勺，出锅装盘。

注意事项：

（1）鸡片滑油时要注意控制油温。

（2）鸡片吊好后要放入热水焯烫去除多余油分。

【拓展训练】

赛螃蟹是鲁菜中的一道传统名菜，营养丰富，质感滑嫩，口味似蟹肉。此菜制作时，将大黄花鱼初加工整理好后，上笼蒸至嫩熟，剔取其净肉制成茸，加调味品加工成鱼茸馅，下入温油锅中搅炒至嫩熟成形，盛入干淀粉、脆炸粉、吉士粉调制的糊炸制成的蜂窝状盛器中，点缀上咸鸭蛋黄成菜，制法新颖，形态美观，鱼肉雪白似蟹肉，咸鸭蛋金黄似蟹黄，不是螃蟹，胜似螃蟹。

训练提示:

稀糊炸制时，要掌握好火候。火力过大，油温过高，易造成外焦而里不熟透；火力过小，油温过低，糊不容易成形且糊中会渗入油而影响炸后的成品质量。

子任务5　滑炒——滑炒肉丝的制作

【任务导入】

滑炒肉丝是鲁菜的一道传统菜肴，做法看似简单，却非常考验厨师技巧，其选材、刀工、火候等在制作时都很重要。此菜要选用上好的猪里脊肉，细致用刀，要求一盘肉丝粗细长短一致，务必体现刀工的精湛。

图 2-5　滑炒肉丝

【任务描述】

本次任务是滑炒肉丝的制作，关键点在于刀工处理和火候的掌握。里脊丝经上浆滑油，炝锅后调好汤汁和口味，下入主配料翻炒入味，最后勾芡出锅。食用时，肉丝鲜软滑嫩，笋丝脆嫩清爽，鲜香味美。

【知识准备】

滑炒是指将初加工整理好的新鲜软嫩的原料，经刀工处理成片、丝、丁、粒等小型形状，上浆滑油后再下入热底油锅，利用旺火少油进行炒制，最后兑芡汁或勾芡（有的不勾芡）成菜的一种烹调方法。滑炒类原料选材较广泛，主要以动物性原料为主，一般要求原料具有无骨、新鲜、质嫩等特点，如鸡、鱼、虾和精选的瘦肉等。

一、滑炒的工艺流程

原料选择→初加工→刀工处理→上浆滑油→调味炒制→勾芡→出锅装盘。

二、滑炒菜肴的成品特点

滑炒菜肴一般具有质地滑嫩、口味清爽、咸鲜味美、汤汁较紧等特点。

三、滑炒的操作要领

（1）滑炒原料一般要去皮、去骨、去筋后再使用，刀工处理时要均匀，且加工成小型形状。

（2）滑炒原料一般经上浆处理，且上浆不能过厚。

（3）滑油时，要掌握好火候。首先将锅刷洗干净，烧热后，加少许油滑过。锅烧制时，不能烧太热，否则原料会沉入锅底，粘在锅底上。如果油温过低，原料下入油后没什么反应，就稍等一下，否则容易脱浆，应待原料边缘冒小泡时再操作；若油温过高，原料易粘连成团，此时应把锅端离火，或加入冷油。

（4）滑炒时，要掌握好所加汤汁的量及勾芡的稀稠度。勾芡有三种方法：一是将所有调料和水淀粉搅拌均匀，炝锅后下入原料及兑好的芡汁，快速翻拌即可；二是炝锅后，将滑好的原料下锅，再依次加入调料、汤汁，烧开后淋入水淀粉勾芡翻拌；三是炝锅后，将调料、汤汁烧开后，勾芡后再下入滑好的原料。

【任务讲解】

本次任务是滑炒肉丝的制作，关键点在于刀工处理和火候的控制。具体操作步骤如下：

（1）猪里脊肉洗净，切成 0.3 厘米厚的片，再切成长 6 厘米、粗 0.3 厘米的丝。

（2）冬笋洗净切丝，青蒜苗切段，葱、姜切丝。

（3）猪里脊肉丝放入清水中泡去血污，捞出挤出水分，加盐、味精、料酒、蛋清、水淀粉，拌匀码味上浆。

（4）锅内宽油至 3 ~ 4 成热时，下肉丝滑散滑透，下笋丝，随即捞出控油。

（5）锅内留底油烧热，下葱姜丝炝锅，加料酒、高汤、盐、味精。

（6）加里脊丝、冬笋丝，翻拌均匀入味，下入青蒜苗，用水淀粉勾芡。

（7）淋上明油，翻拌均匀，出锅装盘。

注意事项：

（1）对里脊肉进行刀工处理时，要顺着纹理切丝，熟后质嫩形美。

（2）里脊丝上浆要适度，滑油时温度不要过高，以免里脊丝粘连而滑不散。

（3）炒制时，速度要快，烹入调料和原料要迅速，时间短、火力旺。

【拓展训练】

鸡肉质嫩，也是非常适合做滑炒的原料，尖椒小滑鸡也叫山椒小滑鸡，是将鸡脯肉片成薄片，上浆温油滑至嫩熟，用野山椒炝锅后调好口味，下入原料翻炒均匀，入味勾芡成菜，色泽鲜艳，鸡片滑嫩，辣香味浓，制法独特。

训练提示：

将鸡脯肉片进行刀工处理时要均匀。滑油时，要掌握好油温。油温过高，鸡片易卷曲或粘连，质地易变老；油温过低，鸡片易脱浆。

项目导读

【任务描述】

熘是指将新鲜的动植物性原料经初加工整理好后，加工成片、条、丝、丁、块等刀口或整形刀口（多为禽类或鱼类等），经炸、蒸、煮滑油或焯水等不同的初熟处理方法加热至一定的成熟程度，再将调好的芡汁浇淋在原料上成菜（又叫锅外熘），或将加热成熟的原料投入锅内调好的芡汁中翻匀成菜（又叫锅内熘）的一种烹调方法。

熘制菜肴的最大特点就是突出芡汁的应用，其芡汁的稀稠度也因菜品不同而有所不同，量最少的芡汁也要比炒、爆等烹调方法制作菜肴的汁要宽（或多）一些、浓稠一些。熘制类菜肴一般还具有外焦里嫩或外滑软里鲜嫩、鲜香味美等特点。

熘制菜肴根据菜肴的质感可分为焦熘、滑熘、软熘等；按味型可分为糖熘、醋熘、糖醋熘、糟熘等；按芡汁的使用方法可分为锅内熘、锅外熘；按芡汁的制作可分为兑汁熘制和炒汁制。

本任务共有三个子任务，分别使用焦熘、滑熘、软熘的烹制方法制作不同的菜品。它们的区别在于原料初步熟处理方法的不同。大家通过项目实施，能掌握常用的熘制方法。

【任务目标】

通过本项目的学习，掌握常用的熘制方法，特别是制作过程中的操作关键。

【重点难点】

重点：常用的熘制方法和操作关键。

难点：在操作过程中的技巧及注意事项的熟练应用。

任务2 熘

子任务1 焦熘——糖醋鲤鱼的制作

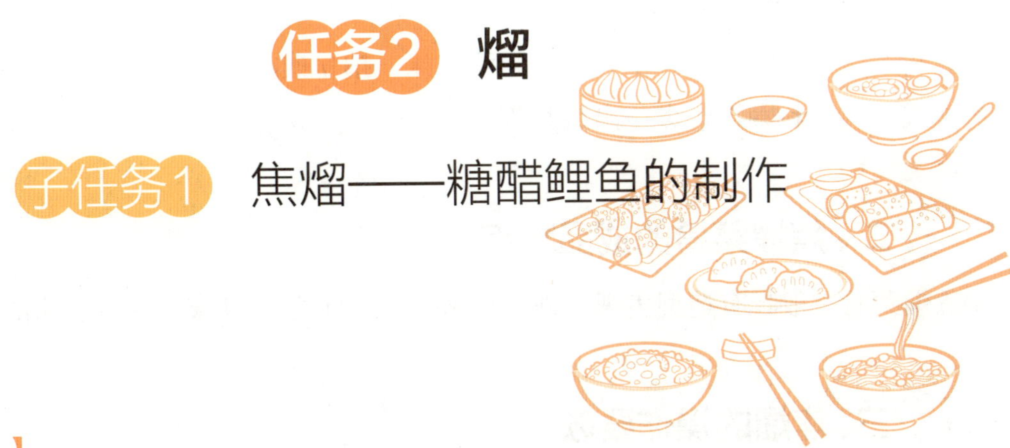

【任务导入】

糖醋鲤鱼是鲁菜中的一道传统名菜，造型独特，鲤鱼弯曲立于盘中，鱼腹张开以表示光明磊落。此菜用料为肉质肥嫩，鲜美细腻的黄河鲤鱼，故也称为糖醋黄河鲤。思考鲤鱼的造型是如何做出来的呢？

图 2-6 糖醋鲤鱼

【任务描述】

本次任务是糖醋鲤鱼的制作。此菜制作时，将黄河鲤鱼经初加工整理好，在两面打上牡丹花刀，加调味品腌渍入味后，挂上糊过油炸至色泽金黄，外焦里嫩挺身翘尾，摆入盘中，再起锅用小料炝锅，沸入番茄酱炒香，加入调味品调好芡汁，浇淋鱼身上成菜。成品菜肴汁红油亮，香甜酸醇，为酒店宴席中常用之佐酒佳肴，能提高和活跃宴席的气氛。

【知识准备】

焦熘俗称炸熘或脆熘，是将加工成型的原料先用调味品腌渍入味，再挂上糊，放入热油锅中炸至外表金黄脆硬时捞出，最后裹上或淋浇上卤汁的一种烹调方法。焦熘类菜肴一般应选用质地细嫩、新鲜、无异味的动物性烹饪原料，如里脊肉、虾仁、鲤鱼、鲈鱼、鳜鱼、草鱼等；或选用质地鲜嫩、含水分较少、新鲜无异味的植物性烹调原料，如蘑菇、冬瓜、地瓜、茄子、玉米粒、苹果等。

一、焦熘的工艺流程

原料选择→初加工→刀工处理→腌渍入味→拍粉或挂糊→炸制成熟→调汁勾芡→浇淋于原料上或下入原料翻拌包裹→出锅装盘。

二、焦熘菜肴的成品特点

焦熘菜肴一般具有造型美观、外酥里嫩、芡汁明亮、口味多变、滋味浓香等特点。

三、焦熘的操作要领

（1）焦熘类菜肴的原料多加工成片、块、条、丁、球等形状，要求成形大小相等，厚薄一致，不粘不连。在使用整形原料或大块的形状时，需要花刀处理。

（2）原料一般需要加入调味品腌渍入味后再进行其他操作。

（3）为保持成品的形体完整、外皮酥香内里软嫩，在过油前要挂上适宜的粉糊，且挂粉要均匀。如果原料水分过多，则一定要先用毛巾吸附净水分，后拍粉。

（4）掌握好油的温度。初炸时，将挂糊原料用中火温油炸至收缩定型，断生即可捞出。复炸要用旺火、高油温，使表面快速炸至酥脆。

【任务讲解】

本次任务是糖醋鲤鱼的制作，关键在鲤鱼刀工的处理与炸制过程中火候的控制。具体操作步骤如下：

（1）鲤鱼去鳞、内脏、两腮，鱼身两侧每 4 ~ 5 厘米剞上牡丹花刀。

（2）提起鱼尾使刀口张开，料酒、盐腌渍入味。

（3）葱、姜、蒜切末，将生抽、糖、醋、料酒、番茄酱、清水调成糖醋汁待用。

（4）淀粉、面粉调成糊，均匀抹在腌好的鱼上。

（5）油烧至 7 成热，提起鱼尾，先将鱼头入油稍炸，再舀油淋在鱼身上，待面糊凝固时把鱼慢慢放入油锅内炸制定型。

（6）小火慢慢炸透，大火炸酥外皮，捞出摆盘。

（7）炒锅内留少许油，放入葱花、姜末、蒜末爆香，再倒入调好的汁，加少许湿淀粉收汁起锅浇在鱼身上即可。

注意事项：

（1）制作此菜，鲤鱼在初加工开腹去内脏时，一定要从鱼腹的正中间开刀，不能偏里或偏外，以免影响造型。

（2）鲤鱼在打花刀时，要掌握好刀距，刀口要深至鱼脊骨，否则鱼肉卷不起来，炸制时不易定型。

（3）调制水粉糊时，要掌握好淀粉与面粉的比例，一般要求淀粉与面粉的比例为 3 ∶ 1，而且在搅拌过程中不能使其上劲，否则挂不上糊。

（4）炸制时，要掌握好油温。刚入锅时，油温可稍高些，火力可稍旺些，待鱼炸至定型后应改成中小火温油慢炸，以防出现外酥而里不熟透现象，最后再用旺火热油炸一遍，至鱼外酥。

（5）调制芡汁时，要掌握好量和稀稠度，将汁浇在鱼身上后，应有一部分粘上，还有一部分流在盘里。

【拓展训练】

糖醋里脊，是将猪里脊肉加工成一字条，加调味品腌渍入味，挂上糊过油炸至外酥脆里鲜嫩，再起锅炝香小料，沸入番茄沙司炒散，勾芡，下入炸过的里脊肉条，翻炒均匀出锅盛菜。菜肴金黄油亮，甜酸可口，香味浓郁。

训练提示：

里脊肉要切均匀的一字条；掌握好挂糊的厚薄度；炸制时，掌握火候进行复炸上色。

子任务2 滑熘——熘鱼片的制作

【任务导入】

熘鱼片的选料为黑鱼。黑鱼在我国是常见的食用鱼类之一，其个体较大、生长速度快、经济价值较高。黑鱼还常作为一种药用原料，有滋补调养、去瘀生新等功效。黑鱼的含肉率较高，骨刺少，非常适合烹制鱼片、鱼丝及鱼茸类菜。

图 2–7 熘鱼片

【任务描述】

本次任务是熘鱼片的制作，关键点在于熘制成熟时油温和火候的控制。此菜制作时，将黑鱼经初加工整理好，分档去皮取净鱼肉，片成稍厚的片，上浆温油滑至嫩熟，再起锅小料炝香，调好口味和芡汁，下入鱼片及其他配料轻翻入味成菜。

【知识准备】

滑熘是将切配成型的原料上浆处理后，放入温油锅中滑油成熟，再放入调制好的卤汁中熘制的一种烹调方法。根据调味料的不同，滑熘还可分为糟熘和醋熘等方法。糟熘是在调味中加入香糟汁，使菜肴具有滑、嫩、香特点的烹调方法。醋熘是调味中醋的比例较大，醋酸突出的烹调方法。滑熘类菜肴一般选用新鲜、细嫩或软嫩、无异味的动物性原料，如猪里脊肉、鸡脯肉、虾仁、净鱼肉、猪肝等。

一、滑熘的工艺流程

原料选择→初加工→刀工处理→码味上浆→滑油→调汁勾芡→下入原料翻拌入味出锅装盘。

二、滑熘菜肴的成品特点

滑熘类菜肴一般具有质地柔软滑嫩、色泽洁白、鲜香味美、明汁亮芡等特点。

三、滑熘的操作要领

（1）原料上浆必须上劲，咸淡适宜，粉浆厚薄恰当。

（2）滑油时，要根据菜肴的色泽选择素油。如果需白色的菜肴，则必须选用色白、干净、无异味的油，以防油脂污染菜肴的色泽与口味。

（3）油温要掌握好，在 3 ~ 4 成热 (100 ~ 120℃) 时滑油最为适宜。油温太高，会使上浆原料在滑散前就凝结成块；油温太低，上浆后淀粉会脱离原料。

（4）滑熘菜肴一般以甜酸味为主，也有咸鲜味的。原料码味要准确，过咸或过淡都会影响菜肴的味道。

【任务讲解】

本次任务是熘鱼片的制作，关键点在熘制成熟时油温和火候的控制。具体操作步骤如下:

（1）将鱼肉切成的厚 0.4 厘米的片，清水浸泡。

（2）冬笋、香菇切片焯水备用，葱、姜切末备用。

（3）鱼片取出吸干水分，入盐、味精、料酒、蛋清、水淀粉上浆。

（4）锅内加油烧至 3 ~ 4 成热后，一片片放入鱼片，鱼片浮起后，捞出入漏勺沥油。

（5）锅内加底油，葱、姜爆香，加鸡汤、料酒、白醋、盐、糖、味精调味，加入水淀粉勾芡。

（6）下入青豆、笋片、香菇片，加上鱼片，淋油，盛入鲍鱼盘内即成。

注意事项:

（1）加工鱼片时要均匀，厚薄一致，片可稍厚一些，以防在烹制时断碎。

（2）掌握好鱼片滑油的火候。油温过高，鱼片易粘连或卷曲，质地变老。

（3）掌握好调制汤汁的口味、分量和芡的稀稠度。

【拓展训练】

滑熘肝尖是将猪肝加工成柳叶片，经上浆后温油滑至嫩熟，另起锅用小料炝香，加入调味品调好口味后，下入所有原料翻炒入味，再勾芡挂汁成菜。成品菜肴口味咸鲜略酸，质地滑嫩，鲜美爽口。

训练提示：

制作滑熘肝尖要掌握好肝片滑油的火候，烹制时火力要大，操作速度要快，否则会影响肝片的嫩度和质感。

子任务3 软熘——捶熘虾片

【任务导入】

捶熘菜肴一般选用质地较软嫩的动物性原料，如鱼肉、大虾肉、鸡脯肉、猪里脊肉等，捶打可以使原料口感更嫩滑，更利于腌渍入味，同时可以改变原料的形态，赋予更多变的造型。思考一下，通过捶打制作的菜肴有哪些？

图 2-8 捶熘虾片

【任务描述】

本次任务是捶熘虾片的制作，关键点在于捶打过程和火候的控制。此菜制作时将明虾去头、壳，留尾，从背部片开腹部相连，拍上粉后捶成薄片状，下入沸水中焯熟，另起锅用小料炝香后加入调味品调好口味，勾好芡汁浇于虾片上成菜。

【知识准备】

软熘是将质地柔软细嫩的主料先经蒸熟、煮熟或汆熟，再浇汁成菜的一种烹调方法。软熘的菜肴多用鱼类原料烹制。软熘类菜肴一般应选用质地新鲜、细嫩或柔嫩、易熟、无异味或异味较轻的动、植物性原料，如鱼类、大虾、鸡脯肉、猪里脊肉、豆腐等。刀工处理时，根据菜肴的质量要求进行刀工剞花或切块等。蒸、煮、汆熟时，原料断生刚熟即可捞出。

一、软熘的工艺流程

原料选择→初加工→刀工处理→腌渍入味→焯水或汽蒸→调汁勾芡→下入原料翻拌包裹或浇淋于原料上→出锅装盘。

二、软熘菜肴的成品特点

软熘类菜肴的原料一般具有色泽素雅、柔软细嫩、鲜咸味美等特点，成品菜肴的质地比滑熘类菜肴更加软嫩。

三、软熘的操作要领

（1）软熘菜肴的形状要求美观大方，因此剞刀不应损伤其整体形状，块的大小要一致。

（2）要掌握好原料和芡汁的成熟度。如鱼要刚断生即捞出，这样成菜后才有良好的口感和质感。熘制芡汁要注意主料的成熟度，掌握好芡汁的用量与菜肴分量的配合比例。

（3）根据原料的性质和烹调要求，进行正确的加工处理。在水煮时，水锅中应加入适量的去腥调味品，如葱、姜、绍酒等。如果选用汽蒸，则应将原料适当腌渍一下，一是去腥，二是初步调味。

【任务讲解】

本次任务是捶熘虾片的制作，关键点在于捶打过程和火候的控制。具体操作步骤如下：

（1）明虾去头、壳，留尾，从背部片开腹部相连，清洗控干水。

（2）在案板上撒上一层干淀粉，铺上一片原料，捶打成薄片状。

（3）清水烧开下虾片，焯熟捞出。

（4）锅上火，加底油，加入葱、姜、蒜末，炒出香味。

（5）烹入料酒、高汤、盐、味精、胡椒粉调味。

（6）水淀粉勾芡，淋明油。

（7）出锅浇在虾片上，上桌食用。

注意事项：

（1）捶打前，要用洁布搌干原料的水分，再在案板上撒上一层干淀粉，铺上一片原料，进行捶打，也可以再撒一层干淀粉，再铺一片原料，二三层或四五层都可以。捶打时，应掌握动作要领，要求先轻后重、先慢后快、用力均匀，至延展成所需要的大薄片。

（2）滑水时水不要大开，以沸而不腾为宜。

（3）掌握好调制芡汁的口味、分量与芡的稀稠度。

【拓展训练】

软熘鱼脯是鲁菜中的一道著名传统菜肴。制作此菜时，将鲜墨鱼加工成茸，加入调味品搅打上劲，制成鱼脯下入热水中氽烫成形，另起锅加入高汤、调味品，调好口味后勾芡，浇到鱼脯上成菜。

训练提示:

调制茸胶时，要掌握好加入各种原料的比例及加入调味品的顺序和量。一定要搅打上劲，否则原料不易成形或易散碎。氽烫鱼脯要在水加热至 60 ~ 70℃时下入鱼脯，温度不能过高。

项目导读

【任务描述】

爆是指将新鲜、脆嫩、易熟的动、植物性原料初加工整理后，经刀工处理加工成丁、丝、片或花刀等小型形状，再经油炸、滑油或焯水等初熟处理，下入旺火热油锅中，烹入芡汁后快速翻拌均匀入味成菜的一种烹调方法。

爆是鲁菜中最擅长使用的烹调方法之一，在鲁菜的制作中发挥到了极致，特别是用火的场面，更是让人浑身热血沸腾。火本身就具有无穷无尽的力量，人类最初用火来驱赶猛兽等天敌，以此战胜大自然，后来利用火将原料加热成熟食用。现如今鲁菜厨师利用火已经达到炉火纯青的地步，眼中已经不是“火”，而是一道绚丽的风景线，是一种传奇的烹制方法。例如，鲁菜爆的烹调方法中的火爆，为了利于锅中火的烧燎达到原料的成熟，要求制作这类菜肴时火苗要腾起 30 ~ 50 厘米高，使人望火而情溢。

制作爆制菜肴时，一般要求火力旺、操作速度快，成品菜肴具有质地脆嫩、口味鲜香、芡汁紧包原料、食后只见油而不见汤汁的特点。

爆是在炒的基础上发展而来的，一般主要传热介质是油，也有用沸水、汤余做的。根据加热介质、调味品及烹制方法的不同，爆可以分为油爆、酱爆、汤爆等。

本项目共有三个任务，分别使用油爆、酱爆、汤爆的烹制方法制作不同的菜品。爆的主要区别在于制作工艺的不同。大家通过项目实施，能掌握常用的爆制方法。

【任务目标】

通过本项目的学习，掌握常用的爆制方法，特别是制作过程中的操作关键。

【重点难点】

重点：常用的爆制方法和操作关键。

难点：在操作过程中的技巧及注意事项的熟练应用。

任务3　爆

子任务1　油爆——爆炒腰花的制作

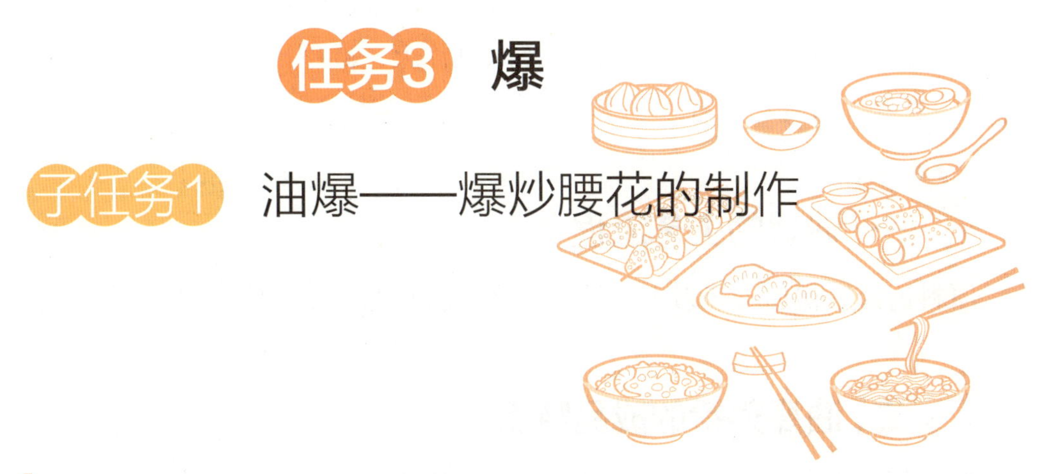

【任务导入】

爆炒腰花是鲁菜的一道传统名菜，在制作时刀工是关键，需要剞上均匀的麦穗花刀，要求连而不断。味道对爆炒腰花的影响较大，因为猪腰本身有异味。思考一下，在烹制中我们应如何处理呢？

图 2-9　爆炒腰花

【任务描述】

本次任务是“爆炒腰花”的制作，关键点在于腰花的刀工处理及焯水处理。猪腰剞上麦穗花刀经沸水烫后要卷起，芡汁要求薄厚适中，颜色清亮，酸咸适口。

【知识准备】

油爆就是将加工成型的脆性动物性原料投入旺火热锅中，使原料在极短的时间内调味成菜的一种烹调方法。

油爆一般有两种方法：一种是将加工后的原料，先用旺火沸水中速烫后捞出，沥干水分，再放入旺火热锅中速爆后捞出沥油，再向旺火热锅中投入配料煸炒，投入主料，烹入兑汁芡翻锅均匀即可；另一种是将加工后的原料，直接投入热油锅中爆至成熟捞出沥油，再用旺火热锅投入配料煸炒，倒入主料，烹入兑汁芡，颠翻出锅即成。两者的区别在于前者经过“焯”的过程，后者却没有。

一、油爆的工艺流程

原料选择→初加工→刀工处理→上浆→沸水速烫→热锅爆制→调味烹汁→出锅装盘。

二、油爆菜肴的成品特点

油爆菜肴要求形状美观、脆嫩爽口、紧汁亮油。

三、油爆的操作要领

（1）刀工要求严格，大小均匀一致，刀纹、深度都应符合菜肴的质量要求。

（2）火候一般使用旺火，快速成菜，油锅温度在 180 ~ 210℃。温度太高，则原料外焦内不透；温度太低，则不能突出爆菜的特点。

（3）要求烹制菜肴前兑好卤汁，在烹制菜肴时迅速倒入，并且卤汁紧裹，菜肴吃完后盘底只能“见油不见汁”。

【任务讲解】

本次任务是爆炒腰花的制作，关键点在于爆炒过程中火候的控制。具体操作步骤如下：

（1）去掉皮膜，片去腰臊，剞上麦穗花刀，刀距为 0.3 厘米，改刀成块。

（2）将加工好的猪腰块放入清水缓出血水，捞出后挤干备用。

（3）水发冬笋、青蒜、木耳洗净，改刀成片，葱、姜、蒜分别切片备用。

（4）取一小碗，加入盐、味精、醋、生抽、老抽、高汤，水淀粉，调搅均匀，兑成芡汁。

（5）锅上火，宽油，旺火加热，烧至油温 7 ~ 8 成热时，入加工好的腰块，迅速用手勺或漏勺翻动，以便受热均匀，促炸至成形。

（6）倒在盛有水发冬笋片、青蒜、水发木耳片的漏勺上。

（7）加底油，爆香葱、姜、蒜，入芡汁。

（8）芡汁成熟，入所有原料，使芡汁均匀包裹原料，淋明油，出锅。

注意事项：

（1）猪腰要处理干净，清水浸泡去除臊味。

（2）麦穗花刀要均匀，深度达原料的 4/5。

（3）油爆时应注意油温，以保证其脆嫩的口感。

（4）烹制时提前兑汁，以提高菜肴制作速度，保证口味。

【拓展训练】

油爆适合多种原料，选料要用新鲜、脆韧的动物性原料，成熟后要具有爽脆的质感，如鱿鱼、墨鱼、海螺、肚尖、胗、腰子等。代表菜品有油爆双脆、油爆鱿卷、油爆肚仁、油爆响螺片、油爆鲜带子等。大家可以尝试一下油爆双脆。

训练提示:

猪肚尖洗净，剥去内皮，在外皮一面剞上十字刀纹花，鸭肫片去皮，同样用直刀剞法改成菊花刀纹，再改刀成块，低温滑油后，爆炒勾芡。

子任务2 酱爆——京酱肉丝的制作

【任务导入】

京酱肉丝，在制作时选用猪瘦肉为主料，辅以甜面酱、葱、姜及其他调料，用北方特有烹调技法“六爆”之一的“酱爆”烹制而成。成菜后，咸甜适中，酱香浓郁，吃法独特，为酒店宴席中常用的佐酒佳肴。

图 2–10 京酱肉丝

【任务描述】

本次任务是京酱肉丝的制作，是将猪里脊肉切成粗细均匀的细丝，上浆温油滑至嫩熟，用小料炝锅后沸入酱炒香，调好口味下入肉丝，勾芡翻匀入味成菜。食用时配上葱丝、黄瓜条，和肉丝一起卷入豆腐皮中，咸甜味美，酱香浓郁。

【知识准备】

酱爆是以炒熟的甜面酱、黄酱或酱豆腐爆炒主料和配料，使原料快速成熟的一种烹调方法。以酱料为主要调料以细嫩、新鲜动物性原料为主料，配以质地细嫩爽脆的植物性原料。主料上浆滑油或焯水，将酱类调料煸炒出香味下入烹调原料不用勾芡。酱类有甜面酱、番茄酱、豆瓣酱、黄酱、海鲜酱、XO 酱等。代表菜品有京酱肉丝、酱爆鳝片、酱爆海鲜、酱爆鸡丁等。

一、酱爆的工艺流程

原料选择→初加工→刀工处理→腌渍入味→滑油→热锅爆制→调味烹汁→出锅装盘。

二、酱爆菜肴的成品特点

酱爆菜肴一般具有色泽红亮、咸甜适中、酱香浓郁的特点。

三、酱爆的操作要领

（1）掌握用酱、用油的比例，一般酱的用量为主料的 1/5 比较合适，油的用量为酱的 1/2 比较适宜。油多酱少，则原料表面不够丰腴；油少酱多，则原料容易挂边煳锅。

（2）一般根据酱的稀稠度来增减油的用量，酱汁稀则用油要多些，酱汁稠则用油少些。

（3）酱要先用小火炒熟、炒透，使之产生香味后下入主料，切忌有酱的生味。

（4）菜肴在放糖时，一般投放不可过早，在菜肴即将成熟时下入，不仅可以增加菜肴的甜美口味，而且能增加菜肴的光泽。

【任务讲解】

本次任务是京酱肉丝的制作，关键点在于滑油和酱爆的火候。具体操作步骤如下：

（1）选取猪里脊肉洗净切丝。

（2）葱白洗净切细丝，黄瓜切一字条，豆腐皮切成 10 厘米的片。

（3）肉丝加入盐、味精、料酒、蛋清、水淀粉上浆。

（4）豆腐皮用开水焯透备用。

（5）肉丝入 3 ~ 4 成油温滑炒至白色浮起，捞出控油。

（6）烧底油，下葱姜丝爆香，放入甜面酱，小火炒至发红出香。

（7）烹入酱油、料酒、清汤，加盐、味精、白糖调味。

（8）下入滑好的肉丝翻炒，勾芡，淋油，出锅摆盘。

注意事项：

（1）大葱要选择葱白部分切丝。

（2）里脊肉切丝要粗细均匀，长短一致。

（3）掌握滑油时的温度，防止粘连或脱浆。

（4）炒甜面酱时的火力不要太大，以免炒煳，影响质量。

【拓展训练】

酱爆肉丁是鲁菜中的一道传统名菜，此菜酱香浓郁、甜咸可口、老少皆宜。制作时，将猪瘦肉加工成丁，上浆温油滑透，小料炝锅后沸入甜面酱炒香再调好口味，下入所有原料勾芡成菜。成品菜肴色泽红亮，质地滑软鲜嫩，营养丰富，酱香味浓，为家庭常用菜肴，也是酒店宴席中常用菜肴，佐酒下饭皆宜。

训练提示：

制作酱爆肉丁的酱最好选用甜面酱，炒酱的火候要掌握好，操作迅速，以免炒煳。

子任务3 汤爆——汤爆双脆的制作

【任务导入】

汤爆双脆与油爆双脆都属于济南地区传统风味名菜，此菜以猪肚头和鸡胗为主料，加以清汤烹制而成。上席时，需将加工好的双脆与特制的清汤分别端上，待汤碗落桌后，将双脆入汤内，别有一番情趣。思考一下，“双脆”可以选用哪些原料？

图 2-11 汤爆双脆

【任务描述】

本次任务是汤爆双脆的制作。此菜制作时，将鸡胗去净外面质老的筋皮，得鸡胗核，然后打上花刀；将猪肚头撕去外面的皮，片去里面的筋膜，打上花刀并改刀成块，分别下入沸水中焯烫成形，放入碗中，再冲上调好味的沸汤成菜。成品菜肴棕白相间、汤清味美、原料脆嫩、味道香醇，是最能体现厨师对刀工及火候掌握能力的一道菜肴。

【知识准备】

汤爆又称水爆，是将主料用沸水焯至半熟后放入盛器，再用调好味的沸汤冲入盛器，使之快速成熟的一种烹调方法。主料要用质地脆嫩的生料，如鸡胗、猪肚等。汤爆要用味道鲜美的清汤，火候要适当，原料一变色即成。与此法相近的烹调方法是水爆。如冬季吃爆肚，常用水爆方法，边爆边吃。汤爆要选好焯主料，一般以焯至无血、颜色由深变浅、质地由软变硬、脆嫩为好。

一、汤爆的工艺流程

原料选择→初加工→刀工处理→沸水速烫→清汤调味→冲入原料碗中。

二、汤爆菜肴的成品特点

汤爆菜肴一般具有汤清味美、原料脆嫩、味道香醇、咸鲜适口等特点。

三、汤爆的操作要领

（1）原料在刀工处理时多为块、条、片等，原料较大的可先剞上花刀。
（2）焯水时，动作要快，一烫即出锅，以达到去腥、除异味的目的。
（3）冲熟时，一般易熟的原料一冲即成，不易成熟的原料应多冲几次。

【任务讲解】

本次任务是汤爆双脆的制作，关键在原料的刀工处理和焯水处理。具体操作步骤如下：
（1）将猪肚洗净去外层老皮和内层油脂，剞上深而不透的十字花刀，再切成3厘米的方块。
（2）把鸡胗洗净去筋皮，在内皮上也剞上十字花刀。
（3）青蒜洗净，切成粒。
（4）将鸡胗、猪肚依次放进开水锅中氽至6成熟捞出，放入大碗内。
（5）炒锅上火，倒入鸡汤烧开，加入酱油、盐、料酒、味精、胡椒粉调味。
（6）烧开后冲入大碗中，淋上香油即成，吃时撒青蒜。

注意事项：

（1）选料精细，去除筋皮及老皮。
（2）十字花刀要均匀，刀深一致。
（3）焯水时要根据原料质地老嫩先后入锅，先下鸡胗，再放猪肚。

【拓展训练】

汤爆散丹是鲁菜中一道传统的清真名菜。散丹是牛、羊胃（又称肚）的一部分，此菜制作时将牛百叶切成条后，下入沸水中略焯烫，随即放入汤碗中，冲入调好味的沸汤成菜。成品菜肴汤清味鲜、质地脆嫩、爽口不腻、诱人食欲、营养丰富，为酒店宴席中常用的菜肴，佐酒下饭皆宜。

训练提示：

制作汤爆散丹使用的是牛百叶，清水氽烫时间不宜过长，调好味的汤要先煮沸再冲入大碗中。

任务4 煎——南瓜烙的制作

【任务导入】

南瓜营养丰富，具有一定的食疗作用。在烹调过程中，我们经常采用一些方法保持南瓜的口感及营养成分。“煎”是一种少油、低温的烹调方法，因此比较适合南瓜的制作。

图 2-12 南瓜烙

【任务描述】

“煎”是一种使用油量少、中小火加热原料的方法，一般是将原料加工成扁平状，再慢慢煎至两面金黄。本次任务使用的原料是南瓜，经过煎制后味道更加甜美，而且保持了软嫩的口感。此任务的关键在于煎制过程中对火候的把握。

【知识准备】

煎是将原料加工成扁平状，以少量油为介质，用中小火慢慢加热至两面金黄，使菜肴达到内鲜嫩外酥脆的一种烹调方法。

一、煎的工艺流程

原料选择→初加工→刀工处理→调制或挂糊→小火煎制→调味装盘。

二、煎制菜肴的成品特点

煎制菜肴一般具有外表香脆、内部软嫩、色泽金黄、甘香不腻的特点。

三、煎的操作要领

（1）煎的原料一般只有单一主料，没有配料（有时可添加馅料），选用原料要求是鲜嫩无骨的动物性原料及部分植物性原料。

（2）煎制前，可用手铲将原料规整成型，不时转动煎锅或原料，使原料均匀。

（3）调味一般在煎制前做好，烹制时尽量缩短煎制的时间，以保证菜肴的特色。

（4）煎制既是一种独立的烹调方法，也是一种兼用的烹调方法。

（5）锅底要光滑，否则易粘锅，影响色泽及外形。

（6）煎制时油量不宜过大，但是也应根据锅内的油量消耗而注意随时加油。

（7）火力一般采用中小火，时间的长短应根据原料的性质灵活掌握。

（8）大部分煎制菜肴无汤汁，出锅装盘后可直接食用。

【任务讲解】

本次任务是南瓜烙的制作，关键在于煎制时对火候的把握。具体操作步骤如下：

（1）将南瓜洗净，控干水分，去净外皮，剖开后挖去籽瓤，切成细丝。

（2）向加工好的南瓜丝中加入盐、味精，调好口味，调拌均匀待用。

（3）在碗中加入面粉、鸡蛋、清水，调拌均匀成糊。

（4）将腌渍好的南瓜丝放入糊中，搅拌均匀，制成南瓜馅料。

（5）将锅上火烧热，加油烧热倒出，再加凉油，烧至 4 ~ 5 成热时，下入南瓜馅料。

（6）摊成圆饼状，用小火慢煎。

（7）边煎边沿着锅边淋入花生油，边煎边晃动锅。

（8）煎至底面呈金黄色时，大翻锅，再煎制另一面。

（9）煎至两面都呈金黄色时，倒出控油。

（10）改刀成菱形片，摆入盘中，即可上桌。

注意事项：

（1）锅要刷干净，热锅凉油，煎制时不断晃锅。

（2）大翻锅是保证此菜形状完整的关键。

【拓展训练】

南瓜烙是典型的煎制菜肴，小火两面煎至金黄即可。南煎丸子，又称“煎烧丸子”，除了煎制之外，还需要烧制，使菜肴具有酥烂的口感，同时渗入充足的汤汁和调味品。大家可以尝试一下，体会两种“煎”的不同。

训练提示：

在南煎丸子的制作中有两个加热环节，一是“煎”，二是“烧”。因此，在制作过程中，要掌握这两个环节的火候，做到成品熟而不柴，保证口感。

任务5 贴——锅贴虾仁的制作

【任务导入】

“贴”的方法经常用于面点的制作过程中，在热菜制作时，也常常用此种方法。使用鲜虾作为原料来制作贴制菜肴，会有什么效果呢？

图 2–13 锅贴虾仁

【任务描述】

“贴”与“煎”的最大不同，就是“贴”只煎一面，另一面利用锅热气或加入汤汁的蒸汽使其成熟，使成品具有一面酥脆、另一面软嫩的特点。本次任务是锅贴虾仁的制作，使用馒头片做底面，上面粘上鲜虾仁，煎制时只煎馒头片，利用锅内热气使虾仁成熟。

【知识准备】

贴是用两种或两种以上的原料，粘成饼状或厚片状，放在锅内煎制成熟，使贴锅的一面酥脆、另一面软嫩的一种烹调方法。

一、贴的工艺流程

原料选择→初加工→刀工处理→粘合成型→装饰图案→贴制煎熟→出菜装盘。

二、贴制菜肴的成品特点

贴制菜肴一般具有一面金黄酥脆，另一面色白软嫩，清鲜可口的特点。

三、贴的操作要领

（1）原料要逐个下锅，并排列成一定的形状，加热时要受热均匀，多采用转锅的方法，使原料成熟度一致，防止出现有的生、有的煳的情况。

（2）烹调时所使用的油脂需要清洁干净，防止油脂污染制品的表面色泽和图案。

（3）贴制菜肴成熟后应迅速上桌。

（4）贴制菜肴的原料必须新鲜无骨、质地细腻，在贴制前需要调味。底面原料常用熟肥膘，也有用面包片的。上面大多使用泥茸状的动物性原料，但也有用片、块等形状的原料。

（5）贴只煎一面，如果原料比较厚不易成熟，应适当加入少量调味汁和水，盖上锅盖，利用蒸汽促使原料成熟。

（6）贴制菜肴时，所使用的油量最多只能淹没主料厚度的一半，不能全部淹没。

【任务讲解】

本次任务是锅贴虾仁的制作，关键在于煎制时对火候的把握。具体操作步骤如下：

（1）将鲜虾仁从背部开刀，去掉虾线，洗净控水。

（2）将处理好的虾仁加入盐、料酒、味精，腌渍入味。

（3）将馒头切片，裹匀鸡蛋液待用。

（4）锅上火烧热，加入油烧热，逐一摆入馒头片，排列整齐。

（5）将腌好的虾仁摆在馒头片上粘牢，撒上火腿末、香菜梗末。

（6）用小火慢煎，边煎边晃锅，至馒头底面金黄、虾仁嫩熟时，出锅装盘。

注意事项：

（1）煎制时掌握好油量和火候。

（2）掌握好原料的成熟度，以虾仁嫩熟为宜。

【拓展训练】

锅贴虾仁在制作过程中，使用小火慢慢煎，只煎一面。有些不易熟的原料，只煎一面无法使原料熟透，此时可以加入一定量的汤汁，利用蒸汽使原料成熟。大家可以尝试一下制作锅贴鱼盒，练习一下煎制过程中对火候的把握。

训练提示：

制作锅贴鱼盒时，鱼盒所挂的糊要稠一些，以防下锅煎制时糊下滑；要掌握好加入汤汁的量，防止鱼盒过于熟烂。

任务6 塌——锅塌豆腐的制作

【任务导入】

“煎”制菜肴得到的成品具有外酥里嫩的口感，“贴”制菜肴得到的成品具有一面酥脆、另一面软嫩的口感。有没有一种烹调方法能同时具有这两种烹调方法的特点呢？

图 2-14 锅塌豆腐

【任务描述】

“塌”是一种“煎”与“贴”结合的烹调方法，既要煎制两面，还要加入汤汁进行烧制。本次任务是“锅塌豆腐”，是鲁菜中比较经典的菜肴，成品要求形状完整，因此对厨师的勺工要求比较高。

【知识准备】

塌是将加工切配的原料，用调味腌渍、挂糊后放入锅内煎或炸成两面金黄，再加入调味品和适量汤汁，用小火收浓汤汁或勾芡，淋上明油成菜的烹调方法。

一、塌的工艺流程

原料选择→初加工→刀工处理→码味、拍粉、拖蛋液→煎至两面金黄→添汤加调味品→收汁或勾芡→出菜装盘。

二、塌制菜肴的成品特点

塌制菜肴一般具有质地软烂鲜嫩、色泽金黄、滋味醇厚的特点。

三、塌的操作要领

（1）拍粉、拖蛋液要在煎前进行，不可过早拍粉，以防原料出水、面粉粘手，影响形状。

（2）控制好火候，防止煎焦煳原料。

（3）装盘时，应注意摆放造型，以增强菜肴的美感。有些菜肴烹制后需改刀装盘，其片、块、条等的规格可长、宽一些。有的原料可拍松后再片成片状，以利于挂糊。要保持清洁卫生，操作要迅速，以免菜肴热度下降或被异味污染。

（4）塌是一种煎和贴相结合的烹调方法，因此，不仅有煎的要求，还具有贴的特点。煎时掌握好火候，要煎至两面成金黄色。

（5）制作菜肴时，宜选用细嫩易熟的原料，以便迅速成菜，缩短制作时间，使成品具有酥嫩醇厚的特色。

（6）在拍粉、拖蛋糊时，动作要轻，拍粉不宜太厚，拖蛋液要均匀，蛋糊要全部裹上，这样才能增强色、香、味及质感的效果。煎制要达到起酥的程度。

（7）调味汁的烹入要及时，制作菜肴是否勾芡要视其是收浓汤汁还是收干汤汁的要求而定，同时要掌握好添入鲜汤的量。

【任务讲解】

本次任务是锅塌豆腐的制作，关键在于煎制时对火候的把握及大翻锅技术。具体操作步骤如下：

（1）将豆腐切成长 4 厘米、宽 5 厘米、厚 0.8 厘米的片，平摊在盘内，撒上精盐、料酒，腌渍入味。

（2）将鸡蛋磕在碗里打散。炒锅置中火上放入猪油，烧至 2 成热时，把豆腐片两面拍上面粉，再在蛋液里拖过，逐片放入油锅内，将一面煎至金黄，大翻锅，再将另一面煎至金黄色，滗去余油。

（3）豆腐在锅内，放入葱花、姜末、料酒、精盐、味精和鲜汤烧沸，盖上锅盖，移小火，收干汤汁，淋入芝麻油，装盘即成。

注意事项：

（1）煎制时掌握好火候。

（2）大翻锅是本菜成功的关键。

【拓展训练】

锅塌豆腐使用的原料是豆腐，比较容易成熟。如果换一种原料，会怎么样呢？大家尝试一下锅塌黄鱼，大黄鱼处理时需要将鱼骨剔除，然后裹鸡蛋煎制。

训练提示：

制作锅塌黄鱼时，要求黄鱼一定新鲜，并剔除鱼骨、打花刀，煎制时要滑好锅，以防粘锅。

任务7　烹——风味茄子的制作

【任务导入】

风味茄子是炸烹的典型代表，济南地区有一种说法叫“逢烹必炸”，就是指在烹的方法中，原料必须是经过炸制初熟处理的，虽然不是那么绝对，但也说明了烹制菜主要是通过炸制的方法来进行初熟处理的。炸烹的菜肴根据味型不同一般有甜酸味型和咸鲜味型两种。风味茄子属于哪种味型呢？

图 2–15　风味茄子

【任务描述】

本次任务是风味茄子的制作，关键在于炸制过程中对火候的控制。将茄子切成条后过水，裹上淀粉入油锅炸至外酥里嫩，出锅备用，将兑好的酸甜汁与主料一起烹制入味，成为一道酸甜可口的菜肴。

【知识准备】

烹是指将切配后的小型的条、块或带小骨及壳的动物性原料，用调料腌渍入味，挂糊或拍干淀粉，投入旺火热油中，反复炸至金黄色，呈外酥脆、内鲜嫩后倒出，再炝锅投入主料，随即烹入兑好的调味汁，颠翻成菜的一种烹调方法。烹类菜肴一般应选用新鲜、细腻、易熟、无血瘀斑点、无异味的动物性原料，如猪里脊、大虾、鸡脯肉、鱼肉等。

一、烹的工艺流程

原料选择→初加工→刀工处理→挂糊（或不挂糊）→过油炸制→烹入清汁入味成菜→出锅装盘。

二、烹菜肴的成品特点

烹菜肴一般具有色泽金黄（或红亮）、松酥脆嫩、味道鲜醇，食后盘中无汁或微有清汁等特点。

三、烹的操作要领

（1）烹类菜肴的原料，刀工处理时的形状一般是较小的条、块、段，也有加工成片、丝等形状的。

（2）烹类菜肴的原料一般要先加入调味品腌渍入味，再进行其他操作，因还有二次调味，所以要掌握好口味的轻重。

（3）烹类菜肴的原料无论是挂糊还是拍粉，在炸制时都要求炸至外酥脆。

（4）烹制时要掌握好兑汁的数量，以汁能将原料均匀地包裹或原料能将汁全部均匀地吸收为宜。

【任务讲解】

本次任务是风味茄子的制作，关键在于炸制过程中对火候的控制。具体操作步骤如下：

（1）茄子切长条，放盆中，用水冲洗。

（2）干淀粉洒在茄子条上，包裹均匀。

（3）锅中倒宽油，烧至8成热，入茄条，炸至外皮硬脆，捞出，控油。

（4）留底油，开火，放入花椒粒翻炒，然后放大蒜碎、糖、酱油，放入茄子，快速翻炒，使茄子均匀沾上汤汁。

（5）加入干红辣椒丝、香菜，出锅装盘。

注意事项：

（1）制作前，将茄条用清水冲洗，以利于均匀地裹上淀粉。

（2）油温烧至8成热再放入茄条，可以进行复炸，以保证原料外酥里嫩。

（3）可提前做好调味汁，再进行烹制。

【拓展训练】

烹制的菜肴一般都要经过炸制。例如，制作油烹大虾时，将原料清洗后，直接入油锅炸制成熟，然后进行调味烹制。

训练提示：

（1）制作油烹大虾时，要将虾清洗去虾线。

（2）炸制时，要控制好油温，一般烹菜都应进行复炸。第一次炸，基本结壳；第二次炸，断生刚好。

（3）事先兑好味汁，是为了有良好的复合味感和迅速成菜。

项目导读

【任务描述】

烧是指将质地不同的动、植物性原料初加工整理好加工成块、条、段等较大的形状或原料的自然形态，经炸、煎、炒、汆、煮等初熟处理后，放入锅内，加入汤汁和调味品，用旺火烧开，再转成中小火烧透入味，最后用旺火收浓汤汁或勾芡成菜的一种烹调方法。烧制类菜肴一般具有加热时间较长、汤汁较浓稠、菜肴质地软烂或软嫩、口味鲜香浓醇等特点。

烧菜的原料繁多，口味多变。原料可以是整块的、大块的，也可以是碎散的，烧制的菜肴在成熟度上也是有差异的。例如，烧鱼，成熟度以断生即可;烧肉，其成熟度就需酥烂入味。

本任务共有三个子任务，根据菜肴成品的色泽和工艺不同，烧大致可分为红烧、白烧和干烧，这些烧制方法最主要的区别在于使用的调味料不同、成品的色泽不同。大家通过项目实施，能掌握常用的烧制方法。

【任务目标】

通过本项目的学习，掌握常用的烧制方法，特别是制作过程中的操作关键。

【重点难点】

重点：常用的烧制方法和操作关键。

难点：在操作过程中的技巧及注意事项的熟练应用。

任务8　烧

子任务1　红烧——红烧肉的制作

【任务导入】

红烧肉又名东坡肉，因苏东坡而发扬光大，在制作时选用肥瘦相间的带皮五花肉，经过焯水、炸制、炖煮等工序使其达到肥而不腻、入口即化。思考一下，红烧类菜肴还有哪些？

图 2-16　红烧肉

【任务描述】

本次任务是红烧肉的制作，是将带皮的猪五花肉下入沸水中焯透，再抹上糖色稍晾，下入热油中炸至上色，再改刀成小块，另起锅，用小料炝香下入肉块稍炒，下入调味品调味，旺火烧开，小火烧透入味，再用旺火收浓卤汁成菜。

【知识准备】

红烧是指将初加工整理好的原料加工成一定形状，经初熟处理加热至一定的成熟程度，另起锅用小料炝香，加入汤汁及有色调味品，下入原料，用旺火烧开，中小火烧透上色、入味，再用旺火将汤汁烧至浓稠或勾芡成菜的一种烹调方法。其菜肴成品多为深红、枣红、酱红、浅红或金黄等颜色，故习惯称之为红烧，是鲁菜制作中最常用的烹调方法之一。红烧类菜肴用料非常广泛，一般山珍海味、家禽、家畜、蔬菜、水产、豆制品等原料都可以选用。

一、红烧的工艺流程

原料选择→初加工→刀工处理→初步熟处理→调制汤汁→烧制上色→收汁勾芡→出锅装盘。

二、红烧菜肴的成品特点

红烧类菜肴一般具有色泽红亮、质地软嫩、醇香不腻、鲜香味浓、明汁亮芡等特点。

三、红烧的操作要领

（1）为了使红烧菜肴不杂乱，对有些调味品（如姜、葱、香料、花椒等）需用纱布包好或用纱布袋装好后使用，将豆瓣辣酱炒香后要撇去豆瓣渣等。

（2）为了保证烧制菜肴的质量，半成品加工与烧制的间隔不宜过长，以免影响菜肴的色、香、味、形等效果。

（3）在烧制菜肴过程中，要防止产生粘锅现象。可在锅底垫上一些鸡骨、猪骨等，以防焦锅。

（4）红烧菜肴时，要恰当选用酱油、豆瓣酱、绍酒、葡萄酒、面酱、番茄酱、糖等提色原料，要将菜肴的色泽层次与味感浓淡结合。不同的复合味感有相宜的菜肴色泽，如甜咸味以橙红色、咸鲜味以鹅黄色、家常味以金红色、五香味以金黄色等相配就比较恰当。

（5）收汁是红烧菜肴味浓稠的关键，并有提色和增强菜肴光泽效果的作用。收汁前，一定要适当调剂汤汁的量，切忌汁干粘锅。同时，要注意保持菜肴形态完整。

【任务讲解】

本次任务是红烧肉的制作，关键在于炸制上色及烧制火候的控制。具体操作步骤如下：

（1）将带皮五花肉刮洗净，稍修形，使其成长方形或正方形。

（2）葱、姜切片，备用。

（3）锅上火，加入清水，旺火烧开，下入加工好的五花肉焯透，捞出控净水分。

（4）趁热在皮面抹上糖色，晾干。

（5）锅上火，加入宽油，旺火加热，待油温升至约 7 成热时下入五花肉，炸至肉皮呈枣红色时，捞出控净油分。

（6）稍晾后，切成 3 厘米见方的块。

（7）锅上火，留底油烧热，下入葱片、姜片、八角，炝锅出香味，下入肉块，稍炒。

（8）烹入糖色、高汤、料酒、老抽、美极鲜酱油，加入盐，调味。

（9）下入桂皮、香叶、良姜、草果、白芷。

（10）大火烧开，撇净浮沫，小火烧至肉块熟烂，去除净香料。

（11）加入味精，用水淀粉勾芡，装盘出锅。

注意事项:

（1）五花肉在过油走红时，油温要高，且皮不能挨着锅底，以防粘锅煳，最好用漏勺进行托炸。

（2）掌握好加入调味品的颜色和汤汁的数量，汤汁与原料齐平即可。

【拓展训练】

红烧黄花鱼是胶东地区鲁菜的一道常见的菜肴。制作此菜时，将黄花鱼经初加工整理后打上花刀，加入调味品拌腌入味，下入热油中炸至定型，另起锅下入肉片煸香，加入调味品和汤汁调好口味，下入炸好的鱼，大火烧开，中小火烧透上色、入味，再用大火勾芡成菜。

训练提示:

（1）掌握好黄花鱼炸制的火候，油温要高，短时间炸至上色、定型即可。

（2）鱼下入热油中不要立即翻动，防止鱼皮破损影响外观；待定形后翻动，以使其均匀受热。

（3）炒糖色时要掌握好火候，防止火力过大将糖炒煳，使制成的糖色口味发苦。

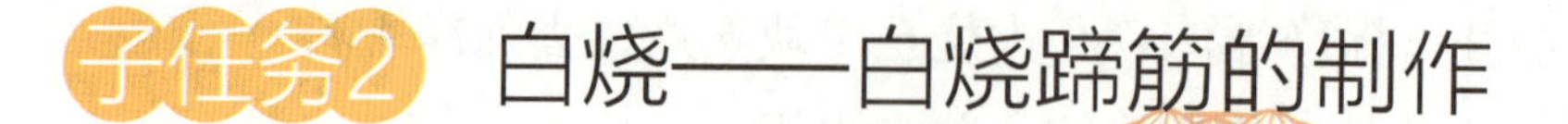

子任务2 白烧——白烧蹄筋的制作

【任务导入】

蹄筋起着连接关节的作用，经过人工抽取后晒干而成。烹饪中常使用的蹄筋主要是牛蹄筋和猪蹄筋，干品质地坚硬，特别是牛蹄筋质地老而粗大。常用做法有炖、焖、煮等。

图 2-17 白烧蹄筋

【任务描述】

本次任务是白烧蹄筋的制作，关键在于蹄筋的初处理和对火候的控制。此菜制作时将猪蹄筋切成段，下入沸水焯透，另起锅用小料炝香，加入调味品调味，下入所有原料烧透入味，勾芡成菜。

【知识准备】

白烧，又叫奶烧，其制作过程和红烧基本相同，所不同的就是在调味品中不能使用酱油和糖色等有色调味品，主要以精盐来定滋味，菜肴颜色呈白色或原料的自然色泽。制作时，常用奶汤进行烧制，如白烧鱼信、白烧鱼骨、浓汁烧鱼肚、白汁酿鱼等。白烧类菜肴一般应选用新鲜无异味、色泽鲜艳、质地脆嫩、滋味鲜美、加热易熟的中高档动、植物性原料。

一、白烧的工艺流程

原料选择→初加工→刀工处理→初熟处理→调制汤汁→烧制入味→勾芡→出锅装盘。

二、白烧菜肴的成品特点

白烧类菜肴一般具有色泽洁白或清爽悦目、口味清鲜、滋味醇香、质感鲜嫩等特点。

三、白烧的操作要领

（1）白烧类菜肴的原料多加工成较厚大的片、条、段、块等形状。

（2）原料进行初熟处理时多选用焯水、滑油、蒸、煮等，以保持原料的本色。

（3）在烹制时，添加的汤汁一般是奶汤，也可用清汤等，以保证菜肴的特色。

（4）白烧类菜肴烧制的时间一般比红烧要短。

（5）掌握好芡汁的稀稠度，要比红烧菜肴稍稀，一般使用二流芡。

【任务讲解】

本次任务是白烧蹄筋的制作，关键在于蹄筋的初处理和对火候的控制。具体操作步骤如下：

（1）将蹄筋整理加工洗净，切段备用。

（2）火腿打花刀，切羽毛片。

（3）油菜洗净修型，葱姜切片备用。

（4）锅上火，清水烧开依次下入蹄筋段、油菜心、火腿片，焯透捞出。

（5）加底油烧热，入葱姜片出香，烹入高汤、料酒、味精、盐调味。

（6）下入所有原料，大火烧开，小火炖至入味。

（7）改大火，水淀粉勾芡，淋明油，出锅装盘。

注意事项：

（1）将原料进行刀工处理时要均匀，利于入味。

（2）蹄筋多经水发，其中含有部分水分，经受热后要渗出一部分水，故加入汤汁的量不要过多。

（3）烧制时要掌握好火候，火力不能太大防止煳锅边。

【拓展训练】

白烧皮肚，制作时将水发皮肚、鸡腿肉、水发冬笋、水发香菇、火腿等分别加工成片，下入沸水中焯透，另起锅先煸炒鸡腿肉片再用小料炝香，加入调味品调味，下入其他原料小火烧透入味，最后用旺火勾芡成菜。

训练提示：

制作白烧皮肚使用的是水发皮肚，原料易于入味，故加入汤汁量不宜过多；口味不宜过重，以防影响菜肴的特色。

子任务3 干烧——干烧鲳鱼的制作

【任务导入】

此菜原料为鲳鱼，有句俗话说“河中鲤，海中鲳”，意思是说鱼的美味莫过于黄河鲤鱼和海产鲳鱼，可见鲳鱼的鲜美非同一般。鲳鱼营养丰富，含有大量不饱和脂肪酸，具有降低人体胆固醇的功效。鲳鱼肉多刺少、无鳞片、口感细腻，便于烹调。

图 2–18 干烧鲳鱼

【任务描述】

本次任务是干烧鲳鱼的制作，关键在于炸制过程中对火候的控制。制作此菜时，将鲳鱼经初加工整理洗净，在两面打上花刀，加入调味品拌腌入味，下入热油中炸至上色，另起锅煸香五花肉丁，下入小料、调料和汤汁，加入炸好的鲳鱼，大火烧开，改用小火烧透入味，至汤汁将尽时出锅成菜。

【知识准备】

干烧是指将质地不同的动、植物性原料经初加工整理，刀工处理成条、段、块或整形形状，再经初熟处理，放入用郫县豆瓣酱或干辣椒炒制后的调味汁中，用中小火将原料烧透、汤汁自然收至将尽的一种特殊烧制的烹调方法。干烧类菜肴选料较广，如鱼、虾、蹄筋、家禽等动物性原料及部分荚豆、菌类等植物性原料。

一、干烧的工艺流程

原料选择→初加工→刀工处理→初熟处理→调味烧制→料熟汁尽→出锅装盘。

二、干烧菜肴的成品特点

干烧类菜肴一般具有色泽红亮、质地细腻、汁明油亮、香辣咸甜、鲜香醇厚等特点。

三、干烧的操作要领

（1）干烧菜肴的原料，一般以条、块和自然形态为主。鱼、虾、鸡、蔬菜等干烧前要进行过油处理。

（2）干烧类菜肴原料在初熟处理时，可根据原料的性质或菜肴的要求选用焯水、水煮、油煎、过油等初熟处理方式。

（3）干烧菜的添汤量要适当，应根据原料的性质和烧制时间来灵活掌握。

（4）干烧类菜肴一般不用水淀粉勾芡，而是自然将汤汁收尽即可，故要掌握好火候。

【任务讲解】

本次任务是干烧鲳鱼的制作，关键在于炸制过程中对火候的控制。具体操作步骤如下：

（1）鲳鱼初加工去净鳃，内脏洗净，剞上柳叶花刀。

（2）猪肥肉、冬笋、榨菜、干辣椒均改成 0.6 厘米见方的丁。

（3）切葱片、姜片、蒜片，备用。

（4）将鲳鱼加入料酒、酱油，腌渍入味。

（5）加宽油烧至 7 成热，将鱼下入炸 5 成熟，呈枣红色时捞出控净油。

（6）留底油烧热，先将肥猪肉丁下勺煸炒，再放入黄酒、葱姜片、蒜片、冬笋丁、榨菜丁、辣椒丁煸炒。

（7）烹入白糖、酱油、精盐、清汤 250 毫升烧沸。

（8）再放入鱼，用微火煨，至汁浓时，淋香油，盛出装盘。

注意事项：

（1）鲳鱼加工花刀时一定要均匀，以利于菜肴外形美观，且要深至鱼脊骨，以使其便于成熟和入味。

（2）在用调味品腌渍时颜色不要过重，以防炸后变黑，影响美观。

（3）调制菜肴的汤汁时要掌握好颜色、口味。颜色不要过重，以免烧后成品发黑。

（4）掌握好加入汤汁的数量。数量过多，则费时费火；数量过少，则鱼不易烧透。

【拓展训练】

制作萝卜干烧肉时，将猪五花肉切成块，稍煮后捞出，用旺火热油煸至出油，下入小料、调料炒至肉块上色，下入泡好的萝卜干条，炒匀后加入汤汁和调味品，小火烧透入味，待汤汁将尽时出锅成菜。

训练提示：

（1）掌握肉块煸炒的火候，要求煸透出油，以有利于成熟和入味。

（2）掌握加入汤汁的量和烧制的火候。汤汁过多，则费时费火；汤汁过少，则原料不易烧透。烧制时，以小火为宜，并不停地晃动锅，以使原料转动不至于粘锅，收至汤汁将尽即可。收汁时，火力不宜过大，以防烧煳使菜肴带有异味。

任务9　扒——海米扒油菜的制作

【任务导入】

海米和油菜都是比较常见的烹饪原料，但是经过“扒”制的海米扒油菜进入“高档菜”的行列。究竟“扒”是什么操作，能让这个菜变得如此不同呢？

图 2-19　海米扒油菜

【任务描述】

“扒”制菜肴的最大特点是要求形状完整、美观。海米扒油菜是鲁菜中的一道传统家常菜肴，使用的原料为油菜和水发海米。本次任务的关键点在于保证成品形状完整。

【知识准备】

扒是将初步熟处理的原料，经刀工处理后整齐地叠码成型，放入锅内，加汤汁和调味品，用旺火烧沸，转中小火烧至酥烂入味，再勾芡，使卤汁稠浓，保持原料原形装盘的一种烹调方法。扒多用于一些整形、高档的原料。根据色泽的不同，扒的方法可分为红扒和白扒两种。根据加热时间及调味品的不同，扒又可分为奶油扒、鸡油扒和葱油扒等。

一、扒的工艺流程

原料选择→初加工→初步熟处理→刀工处理→叠码成型→锅内扒制→出锅装盘。

二、扒制菜肴的成品特点

扒制菜肴选料精细，讲究切配，形状整齐美观，原形原样，略带芡汁，色泽光亮，口味鲜香，醇厚浓郁。

三、扒的操作要领

（1）扒菜的原料在切配前，需用适宜方法进行初步熟处理，要求形状整齐、味道纯正、色泽美观。

（2）按照菜肴的成型要求，烹调前，将加工切配的原料采用叠、排、摆的手法，分别排列在盘内、碗内或锅垫上。

（3）原料整齐入锅、整齐出锅是扒的一大特色，大翻锅是扒菜的一项高难度技术。

（4）扒制的菜肴大多要勾芡，通过勾芡使汤汁更稠浓、更有光泽。

（5）扒制菜肴一般采用中火，火力不宜过猛，以防粘锅和煮沸时冲乱形态。

【任务讲解】

本次任务是“海米扒油菜”的制作，关键在于扒制过程中如何保持成品的完整和美观。具体操作步骤如下：

（1）将油菜一切为二，沸水锅焯水后过凉。

（2）将控水后的油菜摆入盘中排列整齐。

（3）锅上火，加底油烧热，下入葱姜末，炝锅出香味。

（4）下入发好的海米，稍煸出香味，烹入料酒、清汤，加入盐调味。

（5）将摆好的油菜推入锅中，晃锅扒至入味，大翻勺。

（6）水淀粉勾芡，晃锅至芡汁成熟。

（7）淋上明油，出锅溜入盘中上桌。

注意事项：

（1）要控制好油菜焯水的火候，保证成熟度和口感。

（2）原料拼摆整齐，推入锅中时不能乱。

（3）大翻勺是本菜成败的关键。

【拓展训练】

海米扒油菜是白扒的一种，基本上保持原料本来的颜色。扒制方法中还有一种是红扒，也就是扒制时要加入适当的调味料或者调色料，如甜面酱、酱油等。大家可以尝试一下酱扒茄子，在制作过程中使用的是甜面酱。

训练提示:

制作酱扒茄子时，茄子需要进行汽蒸的预熟处理；在扒制时，要注意炒酱的火候，以免炒煳。

任务10 焖——黄焖鸡块的制作

【任务导入】

“焖”的烹调方法一般适用胶原蛋白含量高、味道鲜美、容易成熟的原料，而鸡块恰好具备这些特点。如果将鸡块进行“黄焖”，会呈现出什么效果呢?

图 2-20 黄焖鸡块

【任务描述】

焖制菜肴强调的是火候和调味。整个制作过程中，火候不是一成不变的，而是分好几个阶段。最终，焖制菜肴要达到口感酥烂、汁浓味厚的特点。本次任务是制作黄焖鸡块，鸡肉蛋白质含量高，比较容易成熟，使用黄焖的方法能使鸡块很好地入味。

【知识准备】

焖是将经炸、煎、炒、焯水等初熟制备后的原料，加入酱油、糖、葱、姜等调味品和汤汁，旺火烧沸，撇去浮沫，放入调味品，加盖用小火或中火慢烧，使之成熟并转旺火收汁至浓稠成菜的一种烹调方法。

焖菜主要强调火候和调味。加热时间可根据不同原料的质地、大小灵活掌握。焖与煨相比，焖菜的汤汁比煨菜少，焖制的时间也比煨菜短一些。

一、焖的工艺流程

原料选择→初加工→刀工处理→初步熟处理→调味焖制→出锅装盘。

二、焖制菜肴的成品特点

焖制菜肴一般具有形态完整、软嫩鲜香、酥烂软糯、汁浓味厚的特点。

三、焖的操作要领

（1）焖多选用含胶原蛋白较丰富、形状较完整、质地老韧、鲜香味美、受热易熟的主料和辅料。一般选用切成条、块、段和保持自然形态的动物性原料（如牛肉、猪肉、蹄髈、牛筋、鸡、鸭、甲鱼、鳗鱼等）和根茎类的植物性原料（如冬笋、茭白、莴笋等）。

（2）焖菜一般分两个步骤调味：一是初步调味，菜肴在刚烹制时只加入一部分去腥、增香、增味的调料；二是确定口味，当菜肴加热成熟即将收稠卤汁时，再加入另一部分调味料，以达到增色、定味的效果。

（3）焖菜使用的火候共分三个阶段：第一阶段使用大火，目的是除去原料中的异味，使原料上色；第二阶段使用小火，甚至使用微火，加热时间较长，目的是使原料成熟、酥烂；第三阶段使用大火，目的是能收稠卤汁，增加菜肴的色泽和光泽。

（4）控制好时间和添汤量，火力的大小要根据原料成品的质感来掌握。切勿在中途加汤，同时也要防止粘锅和煳锅。

【任务讲解】

本次任务是黄焖鸡块的制作，关键在于焖制过程中对火候的把握。具体操作步骤如下：

（1）将白条鸡洗净控水，切成 3.5 厘米大小的块。

（2）青红椒改刀成边长 3 厘米的三角块，葱、姜切片备用。

（3）锅上火，加入清水，沸水锅焯水，焯透后捞出控水。

（4）锅上火，加少油炒糖液至呈鸡血色时，下入葱、姜片、甜面酱炒香。

（5）下入清汤、料酒、焯好的鸡块，调味后，大火烧开。

（6）加盖，改小火焖制至鸡块熟透。

（7）打开盖，加入青红椒入味，再加水淀粉勾芡，翻匀，使芡汁成熟。

（8）出锅装盘。

注意事项：

（1）注意焖制的火候，先大火，再小火，最后大火收汁。

（2）由于鸡肉的胶原蛋白较多，所以是否勾芡要看具体情况。

【拓展训练】

根据调味、原料性质和加工手法的不同，焖可分为黄焖、红焖、酒焖和油焖等。本次任务使用的是黄焖的烹调方法，大家还可以尝试一下油焖，如油焖大虾。油焖大虾也是鲁菜中一道经典菜品，在制作时，虾的初步熟处理采用的是油炸，后期的制作方法与黄焖鸡块的相似。

训练提示：

“油焖大虾”中的虾需要进行油炸的预熟处理，要把握好炸制火候。

任务11　㸆——九转大肠的制作

【任务导入】

九转大肠是鲁菜中著名的传统菜肴之一，也是代表菜之一。到底为什么叫“九转”？可能只有学会了这道菜，才能真正体会！

图 2-21　九转大肠

【任务描述】

㸆制菜肴最大的特点就是加热时间长，收汁时火力小，汤汁非常浓稠。本次任务是制作九转大肠，从“九转”两个字可以看出本菜制作的复杂程度，为了减少制作环节，我们采用的是猪熟大肠头，只要再经过一个炸制的过程，就可以直接㸆制了。

【知识准备】

㸆是原料经炸、蒸、煮、氽等初熟制备后，利用浓味的原料和鲜汤，加上调味品，盖上锅盖，利用小火和通过较长的时间将鲜味加入主料，入味成熟，收成浓汁的一种烹调方法。

根据选用原料的性质和成熟度，㸆可以分为熟㸆和生㸆。

一、㸆的工艺流程

原料选择→初加工→刀工处理→初步熟处理→调味㸆制→小火收汁→出锅装盘。

二、㸆制菜肴的成品特点

㸆制菜肴一般具有汁浓味醇、色泽明亮的特点。

三、㸆的操作要领

（1）㸆制菜品的原料要求选用新鲜易熟的鸡、鸭、鱼、虾等，一般加工切配成块、厚片、条及自然形态，要求大小均匀，以使原料成熟一致。

（2）㸆制原料切配后，需经过油炸、蒸、煮等方法制成半成品。原料需㸆至入味，汤汁要准，否则影响口感。

（3）当㸆制完毕时，加入的葱、姜调味品需拣出来，以保持菜肴的清爽整洁。

（4）㸆制菜肴出锅装盘后，可用绿色蔬菜进行点缀，以增加菜肴的色泽。

【任务讲解】

本次任务是九转大肠的制作，关键在于㸆制过程中使原料入味。具体操作步骤如下：

（1）将煮熟大肠头洗净，顶刀切成高约 3.5 厘米的墩。

（2）锅上火，加入清水，烧开焯水，焯透后捞出控水。

（3）锅上火，加入宽油，加热至 8 成热时，下入猪熟大肠头。

（4）用手勺翻动，使其受热均匀，炸至定型后捞出控油。

（5）锅内加底油，下入白糖，小火炒至鸡血红色时，下入猪熟大肠头翻炒，使其上色。

（6）烹入料酒、清汤、白醋、生抽，加入盐、白糖、胡椒粉，大火烧开，撇去浮沫。

（7）改小火，㸆至大肠头入味、汤汁偏浓稠时，加入味精、砂仁粉、肉桂粉，淋上香油。

（8）颠翻均匀后，出锅摆盘，撒上香菜末即可。

注意事项：

（1）制作此菜时，选用猪熟大肠头，其他部位因不易成形而不能选用。

（2）在炸制猪大肠头时，应掌握好火候，避免温度过高导致上色过重。

（3）收汁时要用小火自然收汁，并不断晃动炒锅，以防煳锅，影响口味。

【拓展训练】

九转大肠中的大肠头经过炸制后再㸆制，而㸆大虾是将大虾煸炒后再㸆制。由于大肠和虾的质地不同，因此㸆制的火候和时间也不同。大家可以尝试一下㸆大虾的制作，分析二者有什么区别？

训练提示：

㸆大虾中的大虾比较容易成熟，在㸆制时，注意加入汤汁的量以及㸆制时间，过长或过短都会影响虾的口感。

任务12 挂霜——挂霜山楂的制作

【任务导入】

挂霜山楂是非常受欢迎的一道菜肴，也是很多人的儿时甜蜜记忆。看似简单的一道甜菜，却对厨师有着很高的要求。这道经典菜肴成败的关键是什么呢？

图 2-22 挂霜山楂

【任务描述】

本次任务是制作挂霜山楂，在挂霜之前，将山楂洗净、控水即可，再进行挂糖，最终达到色泽洁白、酸甜可口的特点。

【知识准备】

挂霜是将经过初步熟处理的小型原料，用炸熟或烤熟的方法加工成半成品，而后粘裹一层主要由白糖熬制的糖浆，快速晾凉后外表似粉似霜成菜的一种烹调方法。

一、挂霜的工艺流程

原料选择→初加工→刀工处理→初步熟处理→挂霜→出锅装盘。

二、挂霜菜肴的成品特点

挂霜菜肴一般具有色泽洁白如霜、甜香松脆可口的特点。

三、挂霜的操作要领

（1）选用新鲜、无虫蛀、不变质的原料，加工时去皮、除核，清洗干净。原料成型以块、条、片、段、粒和自然形状为主。

（2）初步熟处理的方法一般有过油（过油又分为挂糊炸和不挂糊炸）和烘箱烤熟。有的在过油前还要经过焯水，有的要蒸软制成型后用油炸，还有的要在制成后拍粉油炸等。有些原料，如花生、腰果、核桃仁等，最好采用烤制的方式成熟，这样容易均匀地裹上糖液。

（3）挂霜时，如果出现结块不散，则不宜采用打散的方法，而最好用手分开，否则容易脱霜。

（4）挂霜类菜肴宜凉食。另外，还要注意挂霜菜肴的形、色和撒糖的方法，使其成型美观。

（5）挂霜的糖液用水熬制，不可在锅中熬制时间过长，火候也不能太猛，以避免糖液变色。当糖液熬制黏稠起小泡时，铲起糖液使之下滴，若呈连绵透明的片状，则可倒入原料挂霜。如果冒大气泡，则糖霜太嫩；如果糖液气泡变少，糖液逐渐接近固态，则糖霜太老；如果气泡变少，稠浓度减小，则熬霜过头。

（6）挂霜时，应将放入的原料迅速翻动、离火，待原料粘匀糖液后，要不停颠动，并分散原料，生成糖霜状态。

【任务讲解】

本次任务是挂霜山楂的制作，关键在熬糖的火候。具体操作步骤如下：

（1）将山楂洗净、控水，擦干表面水分后放入盘中。

（2）锅内加清水，加入白糖，用中小火熬至糖液无水蒸气、变浓稠时，关火放凉。

（3）倒入山楂，用手勺助推翻锅，轻轻颠翻均匀。

（4）出锅倒在案板上拨散开，晾凉至山楂表面挂霜完全，装盘。

注意事项：

（1）山楂表面一定不要有水，以免挂糖困难。

（2）熬糖时，要用清水熬，这样容易控制火候。

（3）注意熬糖的火候，特别是加入山楂的时间点。

【拓展训练】

挂霜山楂使用的原料不需要加热即可食用，如果我们使用的是肉类原料——肥膘肉，会是什么效果呢？大家尝试一下挂霜丸子的制作，在丸子炸制的过程中，要达到外酥里嫩的口感。

训练提示：

制作挂霜丸子使用的是肥膘肉，在炸制之前需要将肥膘肉煮熟；制馅时，要掌握好肉、面的比例，以保证丸子的口感。

任务13 拔丝——拔丝地瓜的制作

【任务导入】

拔丝类菜肴是甜菜的代表做法，其味道甜美，深受大家喜爱。但是拔丝菜肴对厨师的要求很高，特别是对熬糖时火候的把控，这决定了菜肴的成败。

图 2-23 拔丝地瓜

【任务描述】

本次任务是拔丝地瓜的制作，地瓜需要挂上干淀粉再进行炸制，使用清水或油脂熬糖，待糖液呈金黄色时，倒入地瓜，离火快速颠翻出锅，趁热装盘上桌。

【知识准备】

拔丝是将原料加工成块状、球状或条状，经油炸制成半成品，放入白糖熬制起丝的糖液中，粘裹挂糖成菜，迅速装盘上桌，食用时用筷子夹起能拔出糖丝的一种烹调方法。

根据熔化糖的介质不同，拔丝可分为水拔、油拔和水油混合拔三种。

（1）水拔就是用水作为传热介质，用中小火熬制糖液的一种方法。由于水的沸点为100℃，糖液不易上色，因此水拔出来的糖液颜色较浅，挂糖后的菜肴看起来显得晶莹透亮。

（2）油拔是以油为传热介质来熔化糖的一种方法。这种方法技术难度较大。油拔的特点是：传热快，温度高，加热时间短；拔出来的丝明光油亮，细而长。但是，由于油温上升快、沸点高，糖遇到高温极易上色，因此油拔时的油量不可过多。

（3）油水混合拔就是在炒锅内先放入少量的油滑锅，再加入适量的水，待水沸后加入糖，用中小火进行熬制。水油混合拔所拔出来的糖丝色微黄，丝长且脆。

一、拔丝的工艺流程

原料选择→初加工→刀工处理→挂糊（或不挂糊）、拍粉→熬糖、裹糖液→出锅装入涂油盘中→趁热上桌、带凉白开一碗。

二、拔丝菜肴的成品特点

拔丝菜肴一般具有明亮晶莹、外脆里嫩、口味甜香、丝细且长、风味别致的特点。

三、拔丝的操作要领

（1）拔丝菜肴的原料应采用新鲜成熟的水果。加工时，应去皮去核，防止色泽变化。原料以块、条、球和自然形状为主。

（2）拔丝菜肴大部分都需挂糊炸制（也有不挂糊，直接炸制的）。根据菜肴的品种不同，所挂的糊有蛋清糊、全蛋糊、脆皮糊、拍粉等种类。有的原料要经过蒸制软糯按压成茸后，揉捏成一定形状再挂糊炸制。炸制时，应根据糊的性能以及制品的要求，分别炸出酥松、酥脆、松脆等质感。

（3）熬糖前，把锅洗净，加糖、清水和适量的油脂（有的只用清水加糖，有的只用油加糖），使用中小火将糖熔化，待糖液熬至变稠起泡、又变成米黄色时，放入刚炸好的原料（将油滗干）翻动均匀，离火，使原料均匀地粘上糖液，然后装入涂过油的盘内，迅速带凉开水一碗，同时上桌。

（4）熬糖时，要注意糖、水、油的比例以及控制好火力。要防止返沙和糖焦化。返沙就是糖在加热时，由于火力过小，糖还没有完全转化为液体状，如果这时将炸好的原料投入，就会出现类似于挂霜的效果。糖焦化是火力过旺造成的。

（5）油炸、熬糖要同步进行。拔丝的原料在复炸时，要尽可能与熬糖同步进行。如果事先将原料炸好，糖热料冷就会使糖液迅速凝结，而影响拔丝效果。油炸的原料在入锅时，必须滗去油分，否则会使糖液难以均匀地包裹在原料上。

【任务讲解】

本次任务是拔丝地瓜的制作，关键在于熬糖时对火候把控。具体操作步骤如下：

（1）将地瓜洗净，控干水分，去净外皮。

（2）刀工处理成滚刀块，备用。

（3）锅上火，加宽油，油温在 5 ~ 6 成热时，下入已拍粉的地瓜块。

（4）炸至定型后。用漏勺轻轻翻动，待呈浅黄色时捞出，油温升至 7 成热时复炸。

（5）炸至金黄色、外皮变酥时，捞出控油。

（6）锅内加底油，加入白糖，中小火炒至糖液呈金黄色离火。

（7）倒入炸好的地瓜块，快速颠翻均匀，撒上熟白芝麻。

（8）翻匀出锅，盛入抹油的盘中，外带一碗凉白开趁热上桌。

注意事项：

（1）地瓜要经过复炸的过程，颜色以金黄色为佳。

（2）熬糖时，可以使用清水和油脂混合，容易控制熬糖的温度。

（3）熬糖过程要快，以免油炸的地瓜块变凉，不容易挂糖。

【拓展训练】

拔丝地瓜使用的原料是淀粉含量比较高的原料，在炸制过程中比较容易控制。如果使用新鲜的、含水量比较高的水果来进行拔丝，会出现什么问题呢？大家可以尝试一下拔丝西瓜球，由于西瓜的含水量在 98% 左右，在炸制的过程中容易失水，所以难度会很大。

训练提示：

制作拔丝西瓜球所使用的是西瓜，含水量很高，因此在炸制时要控制好火候，最好两个人同时进行，一人炸西瓜球，一人炒糖，保证迅速成菜。

任务14　蜜汁——蜜汁南瓜的制作

【任务导入】

蜜汁类菜肴与挂霜、拔丝类菜肴有所不同，它有一定的糖液，需要熬制糖液，但操作难度比前两者要低。南瓜味甜鲜美，如果用蜜汁的方法烹制，会出现什么效果呢？

图 2-24　蜜汁南瓜

【任务描述】

本次任务是制作蜜汁南瓜，先将南瓜蒸熟，再熬糖浆，浇在南瓜上，味道甜美，是一道非常受欢迎的菜肴。

【知识准备】

蜜汁是以蒸汽或水作为传热介质，以糖作为主要调料，把白糖、蜂蜜与清水熬化收浓，放入加工处理过的原料，经熬或蒸制，使甜味渗透，质地酥糯，再收浓糖汁成菜的烹调方法。

蜜汁有两种制法。第一种方法，把糖放入洗净的锅中，先加少量油炒一下，再加适量水熟制糖汁；然后将原料（容易成熟的原料，直接投入锅中煮；不易成熟、酥烂的原料要事先煮熟或蒸熟）倒入糖汁中，使其入味，勾芡出锅。第二种方法，把经过加工处理后的原料排入碗中，然后加白糖、料酒、酒酿等调料（有的需用玻璃纸封口）上笼蒸，使菜肴达到入口肥糯、甜香的效果。临上桌前将卤汁倒出，菜肴扣入盘中，用卤汁勾薄芡浇在菜肴上即成。

一、蜜汁的工艺流程

原料选择→初加工→刀工处理→蜜制装盘→熬糖液收汁至浓稠或熬糖液装盘上笼蒸→淋入收汁的糖液→成菜。

二、蜜汁菜肴的成品特点

蜜汁菜肴一般具有色泽美观、酥糯香甜的特点。

三、蜜汁的操作要领

（1）蜜汁类菜肴应选用新鲜成熟、滋味鲜美、富有质感的原料。加工时洗净，去皮去核，防止色泽褐变。原料以条、片、块、球及自然形态为主。

（2）莲子、米仁、白果等原料应先洗净，去皮去心，入碗加入沸水，上笼蒸制。切不可与糖同蒸，否则不易蒸至酥糯。熬焖香蕉、苹果类原料时，糖液稠度应浓一些，这样便于保持原料的形态。蒸制火腿、腌鱼、香肠、腊肉类原料时，糖液浓度可淡一些，这样不影响口味。

（3）要掌握好熟制时间，控制好火力，防止原料熬焦或熬烂。蒸制时，要掌握原料的成熟度。

（4）蜜汁菜肴无论是上笼蒸，还是直接进行烧煮，都必须收稠糖汁，使糖汁渗透入味，并均匀裹覆在原料表面。

（5）在烧制蜜汁菜肴时，要经常转动锅。不易酥烂的原料要用小火，且汤汁应多些。在收稠卤汁时，要防止粘底焦煳。

（6）不要求过分甜的、卤汁黏性不足的菜肴，可以勾薄芡增加菜肴的光泽和浓度。

【任务讲解】

本次任务是蜜汁南瓜的制作，关键在于对熬糖时的火候的控制。具体操作步骤如下：

（1）将南瓜去皮、洗净、切条，红枣、莲子温水泡发待用。

（2）将切好的南瓜条整齐放入盘中，加入红枣、莲子、枸杞，入蒸笼蒸 15 分钟。

（3）蒸好后，轻轻扣在碗中。

（4）锅上火加少量底油，加适量水、白糖和蜂蜜小火熬制成浆。

（5）将熬好的糖浆浇在南瓜上即可。

注意事项：

（1）本菜对形状的完整性要求较高，因此蒸制时要掌握好火候。

（2）熬糖浆时，要注意甜度，达到合适的甜度即可，不要太甜。

（3）糖液是否勾芡，需看收汁的情况。

【拓展训练】

制作蜜汁南瓜使用的是蜜汁的第二种方法，先蒸后浇蜜汁。而制作蜜汁山药采用的是第一种方法，即先油炸，再下入蜜汁中收汁。大家尝试一下制作蜜汁山药，收汁过程中对火候的把握很重要。

训练提示：

蜜汁山药中的山药既可以炸制，也可以蒸制。在熬糖时，要注意火候，火过大会导致口味变苦，应用小火慢慢熬制，对于是否勾芡则酌情处理。

项目三　汤锅

项目导读

【任务描述】

炖是将经过加工处理的原料放入炖锅或其他陶制器皿中，加水或鲜汤，用大火烧沸后转小火或微火炖至原料熟软酥烂的一种烹调方法。

炖是一种健康的烹调方式，温度不超过100℃，既可最大限度地保存各种营养素，又不会因为加热过度而产生有害物质。经长时间小火炖煮，肉菜变得非常软烂，容易消化吸收，适合老人、孩子和胃肠功能不好的人群，小火慢炖让食材非常入味，味道可口。一锅炖菜里往往有四五种食材，营养多样。

炖菜的主料，一般先经炸或出水初步热加工处理，再行炖制。炖的用料有整件的、有块的，一般不挂糊。

炖菜中，汤清且不加配料炖制的叫清炖，汤浓而有配料的叫混炖。清炖与混炖的烹制手法相同，只是口味略有差异。根据加工方法，不同炖可分为隔水炖、不隔水炖和蒸炖。炖制菜肴具有汤多味鲜、原汁原味、形态完整、酥而不碎的特点。

【任务目标】

通过本任务的学习，掌握常用的炖制方法，特别是制作过程中的操作关键。

【重点难点】

重点：常用的炖制方法和操作关键。

难点：在操作过程中的技巧及注意事项的熟练应用。

任务1 炖

子任务1 隔水炖——清炖鸡的制作

【任务导入】

鸡肉肉质细嫩、滋味鲜美，蛋白质的含量颇高，由于其味较淡，因此可用于各种料理中。

图 3-1 清炖鸡

【任务描述】

本次任务是清炖鸡的制作，这是一道常见传统汤菜，是用鸡肉和姜、葱段等一同炖成的，不加其他食材，味道鲜美、营养丰富。

【知识准备】

隔水炖是将加工后的原料放入盛器内，隔水加热使原料成熟的烹调方法。隔水炖是一种加热时间较长、除异味能力较低的加热方法，所以要求选料新鲜、结缔组织多、原料老韧。

一、隔水炖的工艺流程

原料选择→初加工→刀工处理→初步熟处理（焯水）→加汤（调味）→炖制→出锅成菜。

二、隔水炖菜肴的成品特点

隔水炖菜肴一般具有味醇汤清、原汁原味、酥而不碎、形整味鲜、香味浓郁的特点。

三、隔水炖的操作要领

（1）原料要进行焯水，以达到去腥膻异味、去杂质的目的。

（2）原料要洗涤，然后放入器皿内，加入去腥调味料和汤水，加盖封口，放入水锅中（炖锅内的水要低于器皿，以水滚沸时不浸入为度）。

（3）炖制的菜肴最好选用陶瓷器皿，既是盛器也是导热。

（4）炖制酥烂后，临上桌前调味，并要趁热上桌。

【任务讲解】

本次任务是清炖鸡的制作，关键在于原料去腥和炖制。具体操作步骤如下：

（1）将鸡去除内脏，洗净。

（2）在水锅中焯水，焯净血污后，取出洗净。

（3）把鸡放在陶制容器中，放入盐、味精、黄酒、葱段、姜片。

（4）加水没过鸡，用纸密封，勿使透气。

（5）密封好的容器放入水锅中，锅中的水要低于锅内容器，并盖紧锅盖。

（6）中火炖约3小时，至鸡肉酥烂即可。

注意事项：

（1）焯水时定要焯净血水，去除腥味。

（2）容器要密封严实。

【拓展训练】

“枣莲炖雪蛤”是浙江省传统的地方名点，属于浙菜系。此菜是将蛤士蟆油倒进盛器中，添沸水浸没，加盖焖进后，放在水中，除去血污、洗净杂质，把炒锅置于旺火上，放入冰糖，舀入清水早沸。将蛤士蟆油、莲子、红枣、冰糖水同放在炖盅中加盖密封，用旺火蒸一个小时左右，见质地绵糯，取出即可。此菜芳香四溢，柔滑甘美。

训练提示：

蛤士蟆油要洗净去净血污，容器加盖密封，原料中的香气、鲜味、水分不易蒸发，保持原汁、原味、原形的特点。

 不隔水炖——银丝炖明虾的制作

【任务导入】

银丝炖明虾是一道家常菜肴，主要原料是明虾。明虾是海水虾，肉质肥厚、味道鲜美、富含蛋白质。

图 3-2 银丝炖明虾

【任务描述】

本次任务是银丝炖明虾的制作，将明虾处理干净，冬粉泡水剪成小段，放在砂锅内以五花肉片打底，放入明虾、冬粉、调料、酱汁，大火滚煮后改小火烧煮而成。

【知识准备】

不隔水炖，是将加工后的原料放入陶制器皿，加调味品和水直接放在火上，用旺火或中火烧开，用小火或微火加热成熟的烹调方法。不隔水炖应选用新鲜的、蛋白质含量丰富的、结缔组织较多的动物性原料或形态较大的植物性原料。

一、不隔水炖的工艺流程

原料选择→初加工→刀工处理→初步熟处理（焯水）→炖制（旺火或中火烧开，再用小火或微火）→出锅装盘。

二、不隔水炖菜肴的成品特点

不隔水炖菜肴一般具有质地软烂、汤汁清醇、原汁原味、香味浓郁等特点。

三、不隔水炖的操作要领

（1）原料在炖之前要洗净焯水。

（2）凡炖制的菜肴，汤汁要一次性加足，盛器要加盖。加热过程中不能屡屡掀盖。

（3）要掌握好火候，先用旺火，再用中小火，最后用微火。

（4）临出锅前再调准口味，不勾芡，上菜时锅内要保持沸腾。

（5）要防止砂锅破裂，若锅中的水太多，滚沸时溢出的水容易导致容器破裂。

【任务讲解】

本次任务是银丝炖明虾的制作，关键在于原料的处理和对火候的掌握。具体操作步骤如下：

（1）将麻油、奶油置于锅内开大火，把蒜末、姜末爆香；改开小火，并将其余之调味料悉数放入锅中，烧开约 2 分钟后备用。

（2）明虾先剪净须足，取出泥肠，洗净备用。

（3）泡水后的冬粉以剪刀剪成小段备用。

（4）砂锅内以五花肉片垫底，再放姜片、蒜仁、芹菜段、葱段等材料，然后依次放入冬粉、明虾，最后淋上已完成的酱料，把砂锅盖盖好，以大火煮滚。

（5）滚熟之后改小火烧约 4 分钟，再将盖子移开，将明虾翻面后加入香菜叶并淋上米酒，再将盖子盖上，焖约 1 分钟即可。

注意事项：

（1）明虾要处理干净。

（2）要先用大火烧开，再转中火，后转微火。

【拓展训练】

小鸡炖蘑菇是以干蘑菇、鸡肉和粉条为原料制作的一道东北炖菜。此菜制作时，将干榛蘑用清水泡发，洗净；小鸡宰杀后洗净，用刀斩成大块后焯水；炒锅里倒入植物油，油热后放入姜片、葱段、桂皮、八角、香叶，炒出香味，倒入焯过水的鸡肉，小火翻炒至鸡肉微黄油亮，调入老抽，翻炒上色，倒入开水（倒入的初始开水量要没过鸡肉），大火煮开，倒入压力锅，倒入榛蘑，盖上压力锅锅盖，煮好后敞开锅盖，开大火收汁，等汤汁浓稠即可。

训练提示：

菌菇尽量选用野味山珍（榛蘑最好），以保证香浓的原味；炖鸡的汤水要一次加足，中间不要随意添加。

子任务3 蒸炖——五子炖鸡的制作

【任务导入】

母鸡炖汤的方式有很多，可以搭配很多食材，做出来的汤味道不一，口味各异。五子炖鸡就是以母鸡为主料的蒸制菜肴。

图 3-3 五子炖鸡

【任务描述】

本次任务是五子炖鸡的制作，关键在于原料的选择和处理，此菜是将母鸡和莲子、枸杞、五味子、松子等一起放入砂锅，将砂锅放在蒸笼上蒸制而成。

【知识准备】

蒸炖是将焯好水的原料放入陶瓷器皿中，加汤、调味品后加盖密封放入蒸笼上加热成熟的烹调方法。蒸炖与隔水炖的加热原理相同，只是蒸炖由于器皿完全置于高热的蒸气中，加热时间要比隔水炖短一些。

一、蒸炖的工艺流程

原料选择→初加工→刀工处理→初步熟处理（焯水）→加汤（调味）→炖制→成菜。

二、蒸炖菜肴的成品特点

蒸炖菜肴一般具有汤汁清澄、口味醇香、原汁原味、鲜香味不易走失等特点。

三、蒸炖的操作要领

（1）要灵活掌握火候。有的菜肴为保持菜肴的嫩度，需要用小火蒸炖；有的菜肴需要用大火蒸炖。

（2）加热过程中的温度比较稳定，原料内的鲜味物质能缓慢分解，使菜肴成品能够达到味醇汤清、形整色正、质酥鲜美的特殊效果。

【任务讲解】

本次任务是五子炖鸡的制作，关键在于原料的选择与处理。具体操作步骤如下：

（1）母鸡去内脏后洗净、焯水，加入葱、姜、绍酒，烧沸后撇去浮沫，煮至断血捞出。

（2）吊清原汤，将莲子去皮去心，枸杞、五味子、松子洗净备用。

（3）将鸡洗净从脊背剖开，剁去脊骨后扣入砂锅中。

（4）放入“四子”和红枣，倒入原汤，加精盐，用保鲜纸封口加盖。

（5）砂锅上笼，中火蒸约 2 小时至酥烂后取出即可。

注意事项：

（1）母鸡要处理干净。

（2）待蒸制上席后，才去盖、揭掉封纸。

【拓展训练】

鸡脚花胶汤是以鸡脚为主要原料，以花胶为辅料，与香菇、姜等一同蒸炖 4 小时而成。

训练提示：

制作鸡脚花胶汤时，要把鸡脚指甲取干净，蒸炖时间要够长，以使鸡脚酥烂。

任务2 烩——烩松肉的制作

【任务导入】

在生活物资比较匮乏的时期，老百姓买肉时都选肥的买，有的人把肥肉挂糊过油炸制后，配上白菜、粉丝等一锅烩，有荤有素，有菜有汤，肉还用得少，这便是最初的“烩松肉”。后来，经过厨师改进，将肥肉换成瘦肉，但是风味和做法沿袭传统工艺流程，做出的烩松肉深受消费者欢迎。

图 3-4 烩松肉

【任务描述】

本次任务是烩松肉的制作，关键点在于肉条的炸制和汤汁量的掌握。成品半菜半汤、汤鲜味美、肉条酥脆、咸鲜适口、营养丰富，是酒店宴席中常用的菜肴，佐酒下饭皆宜。

【知识准备】

烩是指将多种新鲜质嫩的动植物性原料加工成小型形状（如丁、丝、条、片、粒等），放入盛有大量汤汁的锅中，用大火或中火加热成熟，制成半汤半菜的一种烹调方法。烩制类菜肴对原料的要求较高，一般选用新鲜、质地鲜嫩、柔软的动物性原料为主料，如鸡脯肉、猪里脊肉、虾仁、鱼肉、鸭舌等；选用脆爽、鲜嫩的植物性原料为辅料，如玉兰片、大白菜、金针菇、罗汉笋等。

一、烩的工艺流程

原料选择→初加工→刀工处理→初步熟处理（焯水、煮制或炸制等）→加汤和有色调味品→烩制入味→出锅装盘。

二、烩制菜肴的成品特点

烩制菜肴一般具有色彩鲜艳、汁宽量多、汤菜合一、清淡鲜香、滑润爽口、原料多样、质地软嫩等特点。

三、烩的操作要领

（1）烩制类菜肴原料多以熟料、半熟料或易熟料为主，一般禽畜等肉类生料经加工后，需要经过上浆滑油或油炸后再烩制；植物性原料经沸水烫制后再烩制。

（2）烩制类菜肴的美味大半在汤，主要有高级清汤和浓白汤。高级清汤主要用于制作口味清淡、汤汁清澈的烩菜；浓白汤用于制作口感厚实、汤汁浓白的烩菜。

（3）烩制菜肴汤料各半，勾芡非常重要。芡汁要稠稀适度，要求略浓于“米汤”。芡汁过稀，则原料浮不起来，不突出；芡汁过浓，则食用时较黏稠。

【任务讲解】

本次任务是烩松肉的制作，关键在于肉条的炸制和对汤汁量的掌控。具体操作步骤如下：

（1）猪肉洗净，控净水分，加入盐、料酒、味精，抓拌均匀，腌渍入味。

（2）油菜心顺长一分为二，水发粉丝改刀成长段，水发冬笋切片，水发木耳改刀，葱、姜切片备用。

（3）面粉、干淀粉加入清水，调拌均匀成水粉糊。

（4）锅内宽油，油温 6 成热时，将肉条倒入糊中抓拌均匀，逐条下入油中，定型后不断翻动，炸至金黄色捞出控油。

（5）冬笋片、木耳片、油菜心焯水，捞出控水。

（6）锅内入底油，下姜片、葱片炝锅，烹入料酒、清汤，加盐、味精、酱油，下入冬笋片、粉丝、木耳、油菜心。

（7）烩至入味，下入炸好的肉。

（8）出锅盛入大汤碗，上锅食用。

注意事项：

（1）要掌握好肉条炸制的油温和成熟度。

（2）炸好的肉条要在临出锅时再加入，以突出酥脆的质感。

【拓展训练】

采用红烩方法制作的烩松肉成品为红汁菜肴，而奶汤烩菜肴鲫鱼豆花汤成品色泽乳白，这道菜汤鲜味美、质地软嫩、营养丰富。制作鲫鱼豆花汤时，将鲫鱼加工整理洗净并打上花刀，下入滑好的油锅中煎至两面定型，下入小料、奶汤、调味品，烩至熟透，下入配料烩至入味，勾芡成菜。

训练提示:

此菜食用时以汤为主，故要求加入较多汤汁，要掌握好加入汤汁的量和下料的先后顺序。

任务3　煨——罐煨栗子鸡的制作

【任务导入】

瓦罐作为盛器，实际上也是一种烹饪炊具，其采用陶土烧制而成，和砂锅差不多，但比砂锅要深，所以称为罐。罐煨栗子鸡是鲁菜中一道比较流行的菜肴，此菜制法独特、口味醇厚、营养丰富。

图 3–5　罐煨栗子鸡

【任务描述】

本次任务是罐煨栗子鸡的制作，是将白条鸡剁成块，另起锅炒糖色，下入小料、鸡块炒至出香、上色，加入高汤和调味品调味，下入炸至上色的栗子，小火煨至鸡块熟烂、入味，盛入瓦罐中成菜。成品质地酥烂、鲜香味醇、风味独特。

【知识准备】

煨是指将质地较老的原料加工整理，经炸、煸炒或焯煮等初熟处理后放入锅内，加入汤汁和调味品，用旺火烧沸，撇净浮沫，再改用小火长时间加热，使原料达到软烂成熟的一种烹调方法。

煨制类菜肴的原料一般应选用新鲜无异味、结缔组织多、质地老韧、成熟后质感呈软糯滑爽的动物性肉类原料、禽畜内脏类原料及部分植物性原料等。

一、煨的工艺流程

原料选择→初加工→刀工处理→初熟处理→加入汤汁和有色调味品→煨制熟烂→出锅装盘。

二、煨制菜肴的成品特点

煨制菜肴一般具有色泽油亮、肥而不腻、汤汁稠而不黏、滋味醇香、口味浓厚、香气浓郁等特点。

三、煨的操作要领

（1）根据原料的品种、质地不同，灵活选用不同的初熟处理方法，以更好地去除原料的异味、突出本味。

（2）煨制时，要一次性加足汤汁和调味品。一般有色类煨制菜肴的汤汁较少，本色类煨制菜肴的汤汁较多。

（3）煨制过程中，一般需要盖上盖，且在中途少揭盖。

（4）要掌握好煨制成熟的时间，以质感软熟糯酥而不过烂为宜。

（5）在烹制红煨类菜肴时，要注意调味宜轻不宜重，调色宜浅不宜深；在烹制白煨类菜肴时，不能加入任何有色调味品，应使原料保持本色。

【任务讲解】

本次任务是罐煨栗子鸡的制作，关键在于汤汁的量和煨制的火候。具体操作步骤如下：

（1）将白条鸡洗净，控净水分，剁成 3 厘米大小的块。

（2）锅上火，入宽油，油温 6 成热时下入加工好的栗子，不断翻动，炸至金黄色时捞出控油。

（3）锅涮滑，下入白糖，小火搅炒至呈鸡血红色时，下入葱片、姜片、鸡块。

（4）翻炒至鸡块上色，烹入料酒、高汤、酱油，加入盐、胡椒粉。

（5）下入栗子，旺火烧开，撇净浮沫，改小火煨制。

（6）至鸡块熟烂、汤汁浓稠时，加味精，出锅盛入瓦罐，上锅食用。

注意事项：

（1）掌握好加入汤汁的量，一般要求汤汁能刚刚没过原料即可。

（2）掌握好煨制的火候，要求小火长时间加热，最终达到鸡肉熟烂、汤鲜味美的目的。

【拓展训练】

罐煨栗子鸡是红煨的经典菜肴，而白煨菜肴砂锅肥鸭也是鲁菜中的一道传统菜肴。制作此菜时，将光肥鸭初加工整理洗净，下入清水中焯透，去除血污，再将砂锅上火，加入清汤、小料和调味品，下入所有原料，小火煨至肥鸭熟烂、入味成菜。

训练提示:

鸭子焯水时要用冷水，煨制时要掌握好火候，一般要求小火加热一个半小时左右。

任务4 汆——清汆丸子的制作

【任务导入】

丸子是烹饪中的常用食材，多用来水煮或煎炸。清汆丸子是济南地区的一道家常菜肴，采用的就是水煮的方式，成品鲜嫩爽口、汤汁清澈见底、汤鲜味美、好吃不腻。

图 3-6 清汆丸子

【任务描述】

本次任务是制作清汆丸子，选用三瘦七肥的猪肉加工成茸泥，加入清汤和调味品顺一个方向搅至上劲，挤成丸子，下入调好味的温热汤中，汆至嫩熟成菜。

【知识准备】

汆是指将质地鲜嫩的动植物性原料经初加工整理好后，刀工处理成小型的形状，再放入沸汤或沸水锅中，迅速加热并且调味，使之快速成熟的一种烹调方法。

汆制类菜肴一般选用新鲜、细嫩、易熟的动植物性原料，原料大多数为生料，如猪里脊肉、鸡脯肉、鲜虾仁、鲜海螺、鲜贝、鲜鲍鱼、海参、猪黄管、鸭舌、鸭胗、竹荪、冬笋、香菇等。

一、氽的工艺流程

原料选择→初加工→刀工处理→加汤和调味品→下料氽制→出锅装盘。

二、氽制菜肴的成品特点

氽制菜肴一般具有质地鲜嫩、汤汁清澈、口味鲜美、滋味醇厚等特点。

三、氽的操作要领

（1）氽类菜肴进行刀工处理时要均匀、精细，需要加工成茸泥状的原料更要细腻。

（2）茸泥状原料在调制馅料时，要掌握好加入鸡蛋液、清汤、水淀粉和其他调料的用量及比例，搅打时一定上劲，氽制时更易成形。

（3）氽制类菜肴要求汤菜合一，使用汤的质量一定要高。

（4）氽制类菜肴要掌握好火候，要求烹制时的火力要旺、时间要短、烹制速度要快，以保证菜肴原料的质感和口感。

（5）氽制类菜肴在制作时要及时撇净浮沫，趁汤汁将沸时，用手勺快速撇出、撇净。

【任务讲解】

本次任务是清氽丸子的制作，关键在于丸子的氽制及对火候的控制。具体操作步骤如下：

（1）猪肉洗净控水，去净皮和筋膜，剁成茸泥。

（2）油菜心洗净，根部修整成形，打十字花刀。

（3）猪肉茸中加入清汤、料酒、味精、蛋清、葱末、姜末、水淀粉、盐。

（4）顺一个方向搅打，至肉茸上劲成馅料。

（5）锅上火，加入清汤、盐、料酒，烧至 80℃。

（6）锅离火，用手将馅料挤成丸子，下入汤中。

（7）上火烧开，氽至嫩熟，下入油菜心。

（8）入味后，淋上香油，上桌食用。

注意事项：

（1）挤制丸子要掌握手法，要求丸子大小一致，圆而外表光滑。

（2）氽制时要掌握好汤汁的量和火候。汤汁要宽，用中小火加热。

【拓展训练】

混氽与清氽的制作方法相似，其区别是氽制汤汁的颜色，混氽通常为乳白色或红色。山药腰片汤是鲁菜中常见的养生菜肴，也是混氽的一道经典菜肴。其将猪腰子、山药分别经初加工整理后改刀成片，下入沸水中焯透，另起锅加入清汤和调味品，下入原料氽制入味成菜，成品脆嫩爽口、鲜香宜人、营养丰富。

训练提示：

制作此菜要注重汤的选用。腰子的鲜味较差，而且含有一定臊味，山药含水量较大，本味比较单调。因此，若没有好汤，则成品菜肴会寡淡无味，故最好用吊制好的清汤，以提高此菜的质量。

任务5　煮——水煮鱼的制作

【任务导入】

水煮鱼是鲁菜中较新颖的菜肴，根据川菜演变创制，现在已经成为百姓餐桌上的常见菜肴，流传甚广。此菜制作步骤较多，但成品菜肴麻辣鲜香、肉质滑嫩、油而不腻、辣而不燥、麻而不苦，彰显多层次的美味。

图 3–7　水煮鱼

【任务描述】

本次任务是水煮鱼的制作，将净草鱼经分档去骨、去刺，得带皮的净鱼肉，片成合页片，上浆养好，另起锅用小料炝香，下入豆瓣酱、火锅底料炒至出味，加入高汤和调味品调味，下入鱼头、鱼骨等煮至嫩熟后捞出，下入娃娃菜，锅内汤汁中下入养好的鱼片，稍煮至嫩熟，盛入大汤碗中，再撒上小料，浇上 8 成热的油，成菜。

【知识准备】

煮是指将质地不同的动植物性原料经初加工整理好或经刀工成形后，放入大量的汤汁锅中，先用大火烧开，撇净浮沫后改用小火煮制熟透或入味成菜的一种烹调方法。

煮制类菜肴一般选用新鲜无异味、质地细嫩易熟的动植物性原料，如鱼类、猪里脊肉、鸡脯肉、大虾、墨鱼、羊血、毛肚、茶干等。

一、煮制的工艺流程

原料选择→初加工→刀工处理→初步熟处理→煮制→调味→装盘成菜。

二、煮制菜肴的成品特点

煮制菜肴一般具有汤汁较宽、香醇味厚、质感鲜嫩软烂、口味鲜香清爽、汤菜合一的特点。

三、煮的操作要领

（1）掌握好煮制的加热时间，一般比烧、焖的时间短。达到所要求的成熟度后就及时出锅装盘，不能过分煮制，否则会影响菜肴原料的鲜嫩；此外，应根据原料的不同质地灵活掌握煮制时间。

（2）煮制类菜肴均带有较多汤汁，成品一般半菜半汤，原料装盘后，一半在汤内，另一半在汤面上。

（3）根据菜肴要求选用不同的汤，使用清汤、白汤或者清水，需注意所选用清水的，水质要纯净。

【任务讲解】

本次任务是水煮鱼的制作，关键在于鱼片上浆及对火候的控制。具体操作步骤如下：

（1）将净草鱼肉片成合页片，洗净控水，娃娃菜洗净去根蒂切条。

（2）鱼片加盐、味精、料酒、蛋清、水淀粉，抓拌均匀，放置上浆养好。

（3）锅内入底油烧热，下干辣椒节，炝锅出香味，下娃娃菜炒制，加盐、味精调味，炒至断生，盛入大汤碗中垫底。

（4）锅内入底油烧热，下葱末、姜末、蒜末，爆锅出香味，下一半麻椒、干辣椒、灯笼椒，炒透，出香味。

（5）下郫县豆瓣酱，炒至出红油，下火锅底料，炒透出味。

（6）下鱼头、鱼骨等稍炒，加高汤、盐、味精、鸡精、胡椒粉、料酒、生抽调味，烧开后改小火煮至熟透。

（7）漏勺盛出鱼头、鱼骨等放在娃娃菜上。

（8）将鱼片下入锅内汤汁中，轻轻推搅，小火烧开至嫩熟。

（9）盛入大汤碗中，撒上剩余麻椒、干辣椒节、青蒜末、白芝麻。

（10）锅上火，加底油烧至 8 成热，浇淋在麻椒和干辣椒节上，激出香味，上桌。

注意事项：

（1）鱼片上浆后要养好，以防煮制时脱浆。

（2）煮制鱼片要掌握好火候，要求汤面微开即可。

（3）炒制麻椒、辣椒、灯笼椒时，要掌握好火候，炒香至棕红色，但不能过火炒煳。

【拓展训练】

奶汤煮草鱼是济南地区的一道传统菜肴，也是用草鱼片制作而成。制作此菜时，将净鱼肉片成夹刀片，上浆养好，另起锅加入清水和调味品调味，下入鱼头、鱼尾煮至熟透，捞出摆入盘中，再在锅中加入奶汤和调味品调味，下入鱼片煮熟捞出，摆入盘中造型，最后浇上奶汤成菜。

训练提示:

鱼片在上浆前，要将鱼片的黏液和血污漂洗干净，挤净水分再进行操作，以使浆能裹得更加牢固。

任务6 涮——涮鱼片的制作

【任务导入】

涮鱼片是鲁菜中的一道家常风味火锅，此菜原料品种丰富、汤汁鲜美、香味醇厚、特色突出。涮菜的形式比较自由，制作方法也比较灵活，各地方有自己的风味特色，所选用的原料和使用的味碟差别也较大。

图 3-8 涮鱼片

【任务描述】

本次任务是涮鱼片的制作，它是将净鱼肉片成夹刀片，将白菜、豆腐、鸡蛋皮、水发香菇等分别改刀成形，码入盘中，另起锅炒香小料，下入鱼头、鱼骨等煮至汤色香浓变白，将汤汁倒入火锅，与主料一同涮食。

【知识准备】

涮是指用特制的火锅将已调味的卤汤或者特制的清汤、奶汤等烧沸，将加工成形的各种主辅料下入汤中，汤汁刚熟时随即捞出，再蘸上调制好的味汁或直接食用的一种烹调方法。涮制类菜肴的原料一定要新鲜、精细，荤素搭配要得当。

一、涮的工艺流程

原料选择→初加工→刀工处理→熬制汤汁、调制味碟→入锅涮制→蘸料食用。

二、涮制菜肴的成品特点

涮制菜肴一般具有原料品种丰富、质地鲜嫩、汤鲜味美、热度较高、佐料多样、风味独特等特点。

三、涮的操作要领

（1）原料在刀工处理时要精细，切片时最关键，要求是厚度不超过 2 毫米，且越薄越好。

（2）涮制类菜肴重用汤，根据地区习惯和菜肴需要选择不同的汤。

（3）使用的调辅料较多，没有统一的样式，就餐者根据自己的口味习惯随意配制。

（4）涮制火力要旺，保证锅内汤汁一直沸腾，汤料要足，并随时加汤。

（5）原料装盘时，不能混合装盘，主料和配料码放整齐、均匀、美观。

【任务讲解】

本次任务是涮鱼片的制作，关键在于刀工处理及熬汤的火候。具体操作步骤如下：

（1）将净草鱼片成夹刀片，码入盘中；将鱼头、鱼尾、肋刺等剁成段；将猪排骨、鸡骨架洗净，剁成大块。

（2）豆腐切片，鸡蛋片切条，白菜撕成片，水发粉丝切段，水发香菇去蒂片成坡刀片，分别码入盘中。

（3）锅内入底油烧热，下葱片、姜片，爆锅出香味。

（4）分别下入猪排骨块、鸡骨架块、鱼头、鱼脊骨、肋刺，煸炒至透。

（5）加入清水，旺火烧开，撇净浮沫，小火慢煮至汤色发白浓香，捞出汤料，将汤汁倒入火锅。

（6）加入盐、味精、料酒、姜汁酒、鸡精、胡椒粉，下入泡红枣、香葱粒，连同码好的主料、配料，一同上桌涮食。

注意事项：

（1）原料在刀工处理时要薄厚、大小均匀一致，码盘整齐美观。

（2）熬汤时以中小火为宜，掌握好火候。

（3）上桌时可增加蘸料，以满足不同口味需求。

【拓展训练】

本次任务用猪骨、鱼骨等熬制汤汁，而菌汤涮锅的主要出味原料是菌类。制作此菜时，将方火腿、口蘑、金针菇、平菇、豌豆苗、鲜藕、净鳝鱼肉等分别经刀工处理成形后码入盘中，另起锅加入清水、棒骨、鸡架及各种菌类原料，中小火熬制出味，倒入火锅中，加入调味品调味，与原料一同上桌涮食。

训练提示：

熬制菌汤时，一定要选用质量好的干菌，鲜味足且加热时不易碎，呈味比较明显。

项目四　蒸锅

项目导读

【项目描述】

蒸是指将质地不同的新鲜动植物性原料进行初加工整理，经刀功成形后放入盛器中，加入调味品、汤汁等调味，放入蒸笼中利用蒸汽进行加热，使原料成熟入味成菜的一种烹调方法。

蒸的烹调方法要根据原料性质和制作菜肴的要求不同，灵活运用火候。蒸的火候运用主要有四种方法：一是旺火沸水快速蒸制，主要适用于新鲜、质地鲜嫩、形状较小的动植物原料，如清蒸鱼；二是旺火沸水长时间缓蒸，主要适用于形体较大质地较老的动植物原料，如米粉蒸肉；三是中小火沸水缓蒸，主要用于质地非常细腻或者需要造型的原料，如芙蓉大虾；四是微火沸水长时间蒸，主要适用于对成品菜肴的加热保温。

根据所用原料的质地、制作工艺及制品要求的不同，可将蒸分为清蒸、粉蒸、干蒸、扣蒸等。本项目共有两个任务，分别是清蒸和粉蒸。

【项目目标】

通过本项目的学习，掌握常用的蒸制方法，特别是在制作过程中的关键操作。

【重点难点】

重点：常用的蒸制方法和关键操作。

难点：在操作过程中的技巧及注意事项的熟练应用。

任务1　清蒸——清蒸鸡的制作

【任务导入】

鸡是烹饪中经常使用的原料，如果烹饪方法使用不当，鸡肉的口感就会干柴，而清蒸则能够很好地保留鸡肉中的汁水，使成菜清香细嫩、鲜软爽滑。

图 4-1　清蒸鸡

【任务描述】

清蒸鸡是鲁菜中的一道传统代表菜肴，常作为宴席中的大菜使用，此菜鸡白肉鲜、清香细嫩、入口爽滑、汤鲜味美。

【知识准备】

清蒸是指将加工整理好的原料刀工成形，经初熟处理后放入盛器，加入调味品和鲜汤，直接上笼蒸制成熟的一种烹调方法。

清蒸类菜肴对原料的新鲜程度要求较高，一般选用本味鲜美的鸡、鸭、鱼、肉、螃蟹等动物性原料，也可选用新鲜蔬菜等植物性原料。

一、清蒸的工艺流程

原料选择→初加工→刀工处理→初熟处理→调味→蒸制成菜。

二、清蒸菜肴的成品特点

清蒸菜肴一般具有汤清汁宽、保持本色、质地鲜嫩或软熟、清淡爽口、咸鲜味的特点。

三、清蒸的操作要领

（1）原料在初加工时注意保持完整的外形，利于菜肴的美观。

（2）清蒸时需要加入清汤，不能使用奶汤，以体现菜肴的本味和鲜味。

（3）根据原料的性质和菜肴的要求不同，选用不同火候。大块原料，以旺火长时间蒸制为宜，如清蒸鸡；条形或丝状原料，以旺火沸水速蒸为宜，如扣三丝；鱼类原料，以旺火短时间蒸制为宜，如清蒸鳜鱼。

【任务讲解】

本次任务是清蒸鸡的制作，关键在刀工处理及蒸制时间的掌握。具体操作步骤如下：

（1）白条鸡洗净控水，剁去鸡爪、嘴尖等，从脊背开刀，腹部保持完整。

（2）火腿切菱形片；水发香菇片成坡刀片；水发冬笋切成梳子状；油菜心洗净，修整成形。

（3）将鸡腹部朝上放在砧板上，垫上湿毛巾用刀将骨节拍段，用手轻轻按压。

（4）将鸡腹部向下放入大汤碗中，加入葱片、姜片、清汤、盐、味精、料酒调味。

（5）蒸锅旺火烧开，将鸡放入蒸笼中，中火蒸至熟烂。

（6）将鸡取出，滗出原汤，在原汤中下入焯好的水发香菇片、水发冬笋片，加盐、料酒调味。

（7）旺火烧开，下油菜心，加味精。

（8）将蒸好的鸡覆扣在大汤碗中，使腹部朝上，浇上调味后的原汤汁，即可成菜。

注意事项：

（1）初加工一定不要碰破鸡的外皮，注意保持形态完整。

（2）掌握好蒸制时间，以熟烂保持原形为宜，一般要求旺火或中火 1 ~ 1.5 小时为佳。

【拓展训练】

山东蒸丸是鲁菜中的一道传统代表菜肴。制作此菜时，将新鲜的猪肥瘦肉、大白菜心、荸荠、鲜虾仁等原料打成茸泥或剁碎，加入调味品，搅拌均匀，挤成丸子上笼蒸至嫩熟，再放入大汤碗中浇上酸辣咸鲜的汤汁成菜。

训练提示：

调制馅料时，要将白菜茸的水挤净后加入，搅打时要上劲；否则，馅料会过稀，丸子外表不光滑、弹性差，制熟后容易塌陷。

任务2　粉蒸——蒸糯米肉丸子的制作

【任务导入】

蒸糯米肉丸子是鲁菜中的一道创新做法的粉蒸类菜肴，成品外软糯里鲜嫩、鲜咸味美、制法独特、营养丰富、宜菜宜饭。

图 4-2　蒸糯米肉丸子

【任务描述】

本次任务是蒸糯米肉丸子的制作，将猪肥瘦肉剁成茸泥，加入大白菜末、水发冬笋末和调味品调味，搅至上劲，挤成丸子，在丸子周身粘裹一层泡好的米粉，上笼蒸至熟透，另起锅调制芡汁浇淋成菜。

【知识准备】

粉蒸，又称米粉蒸，是指将初加工整理好的原料经刀工成形后，加入调味品拌腌入味，再在其表面蘸上一层大米或用大米炒制好的米粉，上笼蒸至熟透成菜的一种烹调方法。

粉蒸类菜肴，一般选用新鲜质嫩、细腻无筋、鲜香味充足的动植物性原料，如新鲜的鸡、鱼类、肉类、根茎类蔬菜及豆类等。

一、粉蒸的工艺流程

原料选择→初加工→刀工成形→腌渍入味→炒制米粉→拍蘸均匀→摆入扣碗或进行包裹→上笼蒸透→出锅成菜。

二、粉蒸菜肴的成品特点

粉蒸类菜肴一般具有整齐美观、醇厚熟烂、软糯滋润、香鲜不腻、营养丰富等特点。

三、粉蒸的操作要领

（1）可以选择一些脂肪含量较高的原料，或者调制时加入适量油脂，在蒸制过程中，脂肪被分解，原料的脂香味更加浓郁，食用时也不会感到过于油腻，达到肥而不腻的口感和效果。

（2）粉蒸类菜肴使用的米粉大多需经过炒制，一般选用糯米。

（3）原料在盛入扣碗时不能压得太实，否则，原料间没有缝隙，蒸汽流通不畅会导致原料不成熟或成熟不均匀。

（4）蒸制时，为使口感和风味更好，常用糯米纸、锡纸或荷叶等将原料包裹进行蒸制。

【任务讲解】

本次任务是粉蒸糯米肉丸子的制作，关键在于丸子制作及对火候的掌握。具体操作步骤如下：

（1）猪肥瘦肉洗净控水，加入葱、姜，剁成茸泥。

（2）大白菜洗净控水切末，水发冬笋切末，糯米放碗中加热水泡透。

（3）肉茸中加入鸡蛋、白菜末、水发冬笋末、盐、味精、料酒调味。

（4）顺一个方向，搅拌均匀至上劲，挤成直径约 3 厘米大小的丸子。

（5）放入泡好的糯米中，周身粘匀一层糯米。

（6）将糯米肉丸子放入烧开的蒸锅，足汽蒸至熟透，取出摆入盛器中。

（7）用清汤、盐、味精、料酒、酱油、水淀粉勾芡，淋上熟鸡油，浇在糯米丸子上，即可成菜。

注意事项：

（1）糯米要先用热水浸泡透，吸足水分后易黏附在丸子上，也易熟。

（2）蒸制时，要掌握好火候，丸子熟透即可。

【拓展训练】

粉蒸糯米肉丸子是将猪肉剁成茸泥制作，而粉蒸肉是直接将猪五花肉加工成厚片，和米粉一起加入调味品拌腌入味，再周身蘸上米粉，码入扣碗中上笼蒸至熟透，即成菜。

训练提示:

此菜选用带皮的五花肉，刀工处理时要求每片肉都要带皮，入扣碗时要求皮面朝下，制熟翻扣过来后即皮面朝上。

项目五　烤

项目导读

【项目描述】

烤是指将质地肥嫩的动植物性原料进行初加工整理，刀工处理成较大的形状，经过腌制或初熟处理后，放在以木柴、木炭、焦炭、煤气等为燃料的烤炉内或远红外线烤炉内，利用辐射热把原料烤制成熟的一种烹调方法。

随着社会发展和饮食卫生及环保工作的不断加强，烤制设备在不断更新，烤制技法也在不断增多，常见烤的方法有明炉烤、暗炉烤、面烤、泥烤、铁板烤等，本项目共有三个任务，分别是暗炉烤、明炉烤、泥烤。

【项目目标】

通过本项目的学习，掌握常用的烤制方法，特别是在制作过程中的关键操作。

【重点难点】

重点：常用的烤制方法和关键操作。

难点：在操作过程中的技巧及注意事项的熟练应用。

任务1 暗炉烤——烤箱烤鱼的制作

【任务导入】

烤箱烤鱼是胶东地区的一道传统地方特色菜肴，成品金黄油亮、外酥里嫩、香味浓郁。

图 5–1 烤箱烤鱼

【任务描述】

本次任务是烤箱烤鱼的制作。制作此菜时，将大黄花鱼进行初加工整理，从腹部片开背部相连，去脊骨，加入调味品腌渍入味，放入经预热的烤箱中烤制成熟成菜。

【知识准备】

暗炉烤又称挂炉烤，是使用封闭型的烤炉、烤箱烤制，将原料挂于炉内烘烤至熟的方法。暗炉烤温度稳定，使原料四面受热均匀、容易成熟。

一、暗炉烤的工艺流程

原料选择→初加工→码味→封闭烤制→刀工处理→装盘。

二、暗炉烤菜肴的成品特点

暗炉烤菜肴一般具有色泽金黄、表皮酥脆、内里软嫩等特点。

三、暗炉烤的操作要领

（1）形大、不易成熟的原料所需的烤制时间较长，但烤炉内的温度不可过高；对于形小、易成熟的原料，由于炉内温度高，因此加热时间可短一些。

（2）烤箱使用时有预热过程，当温度升至菜肴所需的温度时，才能将原料送至烤炉内。

（3）暗烤炉的原料大多要事先调味。

（4）烤制好的菜肴迅速上桌，保持脆度、香味和色泽。

【任务讲解】

本次任务是烤箱烤鱼的制作，关键在烤制的温度和时间。具体操作步骤如下：

（1）大黄花鱼刮鳞、去鳃、去内脏，洗净控水，腹部片开、背部相连，片去中间鱼脊骨。

（2）将加工好的大黄花鱼放入盘中，加入香菜段、洋葱条。

（3）加入盐、味精、料酒、蚝油、日本烧烤汁、生抽、胡椒粉、鸡精、葱片、姜片、蒜片调味涂抹均匀，放置一段时间，腌渍入味。

（4）将大黄花鱼放入烤盘，放入预热后的烤箱中烤制。

（5）至鱼肉熟透、色泽金黄时，取出刷上一层明油，撒辣椒粉、孜然粉。

（6）改刀成条，按鱼原形摆入盘中，上桌食用。

注意事项：

（1）原料去骨时要掌握好刀法，保持鱼的完整性。

（2）烤完后，趁热刷上一层明油或香油，保持亮度，增加香味。

（3）烤好改刀时，要动作轻缓，不能破碎。

【拓展训练】

烤猪排是济南地区的一道传统地方特色菜肴，也是采用暗炉烤的方法。制作时，将猪肋排剁成段，加入调味品拌腌入味，放入预热后的烤箱中烤制成熟，与炸好的胡萝卜、芋头块一起装盘成菜。

训练提示：

原料进行刀工处理时，要长段、大小均匀，以利于受热均匀、成熟程度和入味程度一致。

任务2 明炉烤——炭烤牛腩的制作

【任务导入】

炭烤牛腩是鲁菜中的一道传统家常菜肴，成品香味浓郁、外焦里嫩、咸鲜甘美，是酒店和家庭制作常用的佐酒佳肴。

图 5-2 炭烤牛腩

【任务描述】

本次任务是炭烤牛腩的制作，制作此菜时，将牛腩肉进行初加工整理洗净，片成大厚片，打花刀，放入清水中泡透去血水，加入调味品拌腌入味，放在烤炉上烤制成熟，改刀装盘成菜。

【知识准备】

明炉烤是指将加工好的原料用特制的烤叉叉好，在敞口火炉、火盆、烤盘上反复烤制原料，使原料表皮酥脆成熟的一种方法。此法设备简单，方便易行，且易掌握火候、成熟度、色泽。

一、明炉烤的工艺流程

原料选择→初加工→码味→烫皮→涂抹饴糖→晾干表皮→烤制（反复转动）→刀工处理→装盘。

二、明炉烤菜肴的成品特点

明炉烤菜肴一般具有质地细嫩、色光明亮、酥润喷香、表皮酥脆等特点。

三、明炉烤的操作要领

（1）明炉烤火力分散，导致烤制时间较长，因此应将原料加工得稍小一点。

（2）不可将原料直接放在炉上烤，也不可在火焰燃烧很强烈时上炉烤，否则易造成食品污染、外焦内不熟。

（3）在烤制过程中要不断转动，对原料不易成熟的部位要反复烤，直至熟透。

【任务讲解】

本次任务是炭烤牛腩的制作，关键在于对烤炉内火力的控制。具体操作步骤如下：

（1）将牛腩洗净、控水，剔去筋膜，片成长10厘米、宽8厘米、厚0.5厘米的大片。

（2）将肉片两面打上花刀，用刀背反复捶打，至肉质疏松。

（3）将牛腩片放入清水，浸泡至血水析出，用干毛巾吸净水分。

（4）将吸净水分的牛腩片放入盆中，加入香菜段、胡萝卜片、洋葱片、蒜末、姜片、盐、味精、白糖、生抽、酱料、酒、湿粉、胡椒粉，翻拌均匀放置，腌渍入味。

（5）烤炉内放上燃烧的木炭，架上烤炉架，刷一层油。

（6）将腌渍好的牛腩片逐一摆在架子上，烤制时不断翻动，使其受热均匀，并边烤边刷油。

（7）烤至牛腩片外焦里香、嫩熟时，将牛腩片切成条，摆入盘中，带黑椒汁上桌。

注意事项：

（1）牛腩片要厚薄均匀，用刀背反复捶打至肉质疏松，使其肉质变嫩。

（2）用调味品腌渍，时间应稍长一些，使其充分入味。

（3）烤制时要不断翻动，使其受热均匀。

【拓展训练】

金陵烤鸭是南京的传统名菜，皮酥肉嫩、肥而不腻。在制作这道菜时，将鸭子取出内脏处理干净后，将香葱叶、姜片塞入肛门，将花椒、青菜叶填入鸭腹；将烤叉从鸭腿下裆插入，穿过胸骨之间，骨颈皮穿口5厘米戳透；沸水浇淋鸭身使鸭皮绷紧，趁热用饴糖水均匀涂抹，在通风处吹干，将鸭放入烤炉内，先烤两肘再烤脯肉。

训练提示：

烫皮时不可将原料放入沸水，只能用手勺舀沸水浇在原料表面，烫过度则鸭皮易破，烫不透则色泽不佳。

任务3　泥烤——叫花鸡的制作

【任务导入】

叫花鸡为江南名吃，是把加工好的鸡用泥土和荷叶包裹，用烘烤的方法制作出来的一道特色菜。用泥巴把鸡包裹，架火烧泥巴，泥烧热了鸡也就熟了。

图 5–3　叫花鸡

【任务描述】

本次任务是叫花鸡的制作，将处理好的鸡用荷叶、玻璃纸、荷叶依次包裹，再将捆扎好的鸡放在泥中间，放入烤箱烤制。

【知识准备】

泥烤是将生料先用调味品腌制，然后用荷叶、玻璃纸包裹，再用酒坛泥把捆扎好的原料包裹，放在烤箱中烧烤至酥香成菜的一种烹调方法。泥烤菜肴以禽类原料为主、以畜肉类鱼类为辅。

一、泥烤的工艺流程

原料选择→初加工→码味→包扎原料→封泥→烤制（放入火中）→刀工处理（或手撕）→装盘。

二、泥烤菜肴的成品特点

泥烤菜肴一般具有香味浓郁、质感酥嫩、烤制简单、风味独特等特点。

三、泥烤的操作要领

（1）注意火候的掌握。一般先用小火将泥烤干，防止开裂，再升温至将原料烤熟烂。

（2）应注意翻面，使成熟度一致。

（3）出于卫生的考虑，有些地区将黄泥改为湿面团。

（4）泥烤的常用包裹料有猪网油、荷叶、玻璃纸、黄泥等。

（5）泥烤原料必须经过腌制入味，且在烤制过程中不加任何调味品。

【任务讲解】

本次任务是叫花鸡的制作。具体操作步骤如下：

（1）草鸡去内脏洗净，用刀背敲断鸡翅骨、腿骨、颈骨（不能破皮）。

（2）加入酱油、绍酒、精盐，腌渍一小时。

（3）鸡头塞入刀口中，用猪网油紧包鸡身。

（4）先用两张荷叶包裹，再用玻璃纸，外面再包一层荷叶；然后用细麻绳扎成长圆形。

（5）将酒坛泥碾碎，加清水搅，粘包住捆好的鸡，再用包装纸包裹，放入烤箱。

（6）烤至成熟取出，敲掉泥，揭去荷叶、玻璃纸，淋上芝麻油即可。

注意事项：

（1）包裹的泥要粘牢、粘匀。

（2）烤制时火候要足，先用旺火，后用小火。

【拓展训练】

“叫花鸡”也许很多人都听说过，而且也吃过，但是“叫花鸭”却很少人知道。将鸭子拔毛，去掉内脏，清洗干净，在鸭身上撒盐、盐焗粉、酱油、大蒜、生姜，并涂抹均匀；把生姜、大蒜、辣椒塞进鸭肚，最后放入大葱；用荷叶把鸭子包住，捆绑好，外面包上宣纸；挖点新泥，放水和泥，把和好的泥放在铁丝网上铺一层，再把裹好的鸭子放上去，周围用泥把鸭子包住，把铁丝网连同鸭子放在火上烤制即可。

训练提示：

“叫花鸭”在处理时一定要处理干净，将腌渍料涂抹均匀。

项目六　冷菜

项目导读

【项目描述】

冷菜又叫冷荤、冷拼。之所以叫冷荤，是因为饮食行业多用鸡、鸭、鱼、肉、虾以及内脏等荤料制作；之所以叫冷拼，是因为冷菜制好后要经过冷却、装盘（如双拼、三拼、什锦拼盘、平面什锦拼盘、高装冷盘、花式冷盘等）。冷菜是仅次于热菜的一大菜类。

冷菜的特点：

（1）口感稳定。冷菜冷食不受温度所限，在口感上不像热菜那样受时间影响，这就适应酒席上宾主边吃边饮、相互交谈的情况，冷菜是理想的饮酒佳肴。

（2）常以首菜入席，起着先导作用。冷菜常以第一道菜入席，很讲究装盘工艺，其优美的形、色对整桌菜肴的评价有着一定的影响，不仅能提高食欲，对活跃宴会气氛也起着锦上添花的作用。

（3）冷菜可独立成席。冷菜风味殊异，自成一格，可独立成席。例如，冷餐、宴会、鸡尾酒会等，都主要由冷菜组成。

（4）可大量制作，便于提前备货。由于冷菜不像热菜那样随炒随吃，因而可以提前备货，便于大量制作。若开展方便快餐业务或举行大型宴会，冷菜就能缓和烹调方面的紧张。

（5）便于携带，食用方便。冷菜一般都具有无汁无腻等特色，便于携带，也可馈赠亲友的礼品。在旅途中食用，既不需要加热也不一定依赖餐具。

（6）可做橱窗的陈列品，起广告作用。由于冷菜不冒热气，又可以久放，因此是作为橱窗陈列的理想菜品。它既能反映企业的经营面貌，又能展示厨师的技术水平，对于饭店开展业务、促进饮食市场的繁荣有积极的作用。

冷菜与热菜相比，在制作上除了对原料的初加工基本一致外，明显区别是热菜一般先烹调后刀工，冷菜则先刀工后烹调。热菜调味一般能及时见效果，并多利用勾芡，以使调味分布均匀，而冷菜强调调味、入味，或附加食用调味品。冷菜和热菜一样，其品种既能常年可见，也具四季之别。冷菜的风味质感也与热菜有明显的区别，总体来说，冷菜以香气浓郁、清凉爽口、少汤少汁、鲜醇不腻为主要特色。

本项目共有五个任务，也是经常使用的冷菜制作方法，分别是拌、炝、卤、酱和酥。这些任务的区别主要在于原料的热处理及调味方法。

【项目目标】

通过本项目的学习，掌握常用的冷菜制作方法，特别是在制作过程中的关键操作。

【重点难点】

重点：常用的冷菜制作方法和关键操作。

难点：在操作过程中的技巧及注意事项的熟练应用。

任务1 拌——老醋海蜇的制作

【任务导入】

海蜇营养丰富，富含蛋白质、钙、碘等，具有清热、化痰等功效。在烹调过程中，我们尽量少操作，以保持海蜇的营养成分，而拌制就是一种很好的选择。

图 6–1 老醋海蜇

【任务描述】

本次任务是老醋海蜇的制作，原料的初熟处理使用的是“煮制”，温度不宜过高，待煮熟后与其他原料一起进行调味拌制。调味时，使用的是陈醋，一方面有开胃的作用，另一方面可以去除海蜇的腥味。本次任务成败的关键在于煮制的火候及调味料的调制。

【知识准备】

拌是把生的原料（或晾凉的熟原料）切制成小块的丝、条、片等形状后，加入各种调味品，然后调拌均匀的做法。拌制菜肴的方法有很多，一般可分为生拌、熟拌等。生拌主要适用于新鲜、质地脆嫩的植物性原料，经刀工处理后，直接加入调味品拌制成菜。熟拌是将加工制熟的原料，经刀工处理后，加入调味品拌制成菜，其原料的初熟处理方法很多，主要有煮制、焯水、过油、蒸制、氽制、烤制等。

一、拌的工艺流程

原料选择→初加工→刀工处理→初熟处理（生食除外）→调制味汁→拌制入味→装盘成菜。

二、拌制菜肴的成品特点

拌制菜肴一般具有色泽鲜艳、质地鲜嫩（或脆嫩、软嫩）、清淡味美、爽口不腻、通气开胃、营养丰富等特点。

三、拌的操作要领

（1）拌制类菜肴多为现吃现拌，需注意饮食卫生，生料必须洗净、消毒后使用；对于需要事先用盐（或糖）调制基础味的，要先沥干水分，再调制味汁拌和。

（2）选择拌制类菜肴的原料时，一定要精细，以利于提高菜肴的质量；刀工处理要均匀，以利于均匀入味。

（3）调制拌制类菜肴的各种味型时，口味要适度、合理，以不掩盖菜肴原料的本味为宜；另外，口味上还要有特色。

（4）在对原料进行初熟处理时，要掌握好火候，一般以断生为宜。

【任务讲解】

本次任务是老醋海蜇的制作，关键在海蜇煮制的火候及调味汁的调制。具体操作步骤如下：

（1）将水发海蜇放入清水中浸泡，去除咸味和异味。

（2）锅上火，加入清水，水温至70～80℃后改为小火，下入水发海蜇，焯透后捞出过凉。

（3）放入碗中，加入盐、味精、白糖、姜汁、陈醋、味极鲜，调味。

（4）调拌均匀，盛入盘中，点缀红辣椒、香菜等，快速上桌食用。

注意事项：

（1）水发海蜇在使用前，要反复换水浸泡。

（2）焯水时，水温不能过高，以免海蜇质地变老。

（3）调好味后，要快速上桌，以免海蜇入味后出水，影响口感。

【拓展训练】

鸡丝拉皮是一道传统家常菜肴，在制作时，需要先将鸡丝滑油，再与其他原料一起调味。大家可以尝试制作一下这道菜，初熟处理用到了滑油，对比分析一下，与制作老醋海蜇有什么不同。

训练提示:

（1）鸡丝在刀工处理时一定要均匀，以保证口味和美观。

（2）调汁时，不要过重，以防影响菜肴的鲜嫩。

（3）装盘时，要有层次，以突出主料。

任务2　炝——鲜虾炝芹菜的制作

【任务导入】

冷菜制作时，调味汁的调制是关键环节。有一种冷菜制作方法——炝，使用的主要调味料是热的花椒油，它可以使冷菜具有椒香利口的特点。

图6-2　海米炝芹菜

【任务描述】

本次任务是海米炝芹菜的制作，它是将海米泡好、芹菜焯水后，经过基本调味，浇上8成热的花椒油的烹调方法。

【知识准备】

炝是指将新鲜脆嫩的动植物性原料进行初加工整理、刀工处理成型后，经滑油（或焯水）至断生，再趁热（或晾凉）加入以花椒油为主的调味品，炝至原料入味后装盘成菜的一种烹调方法。

一、炝的工艺流程

原料选择→初加工→刀工处理→上浆或不上浆→滑油或焯水→用花椒油等调味品炝至入味→装盘成菜。

二、炝制菜肴的成品特点

炝制菜肴一般具有适用面广、色泽美观、刀工精细、质地脆嫩、口味鲜香、椒香利口等特点。

三、炝的操作要领

（1）炝制类菜肴应选用新鲜、细嫩、清香味足和富有质感的动植物性原料，如虾仁、猪里脊肉、鸡脯肉、海米、芹菜、菠菜、菜心等。

（2）炝制类菜肴的原料，应根据菜肴成品的要求和特点不同，选用不同的初熟处理方法，常用的有滑油、焯水等。原料在滑油时要严格控制油温和时间，焯水时同样要严格控制时间，要求焯至断生，突出脆嫩。

（3）炝制类菜肴的口味多以咸鲜为主，且口味不宜过重，以防影响原料本身的鲜味。还有使用干辣椒或辣椒油的，称为辣炝，是一种特殊的炝法。

（4）炝制类菜肴的原料，在经过焯水或滑油后，可以趁热加入花椒油等调味品进行炝制，也可以晾凉后加入热的花椒油等调味品进行炝制，以形成味透爽口的特点。

【任务讲解】

本次任务是鲜虾炝芹菜的制作，关键在于刀工处理及对油温的控制。具体操作步骤如下：

（1）将芹菜加工整理好，洗净控水，切成 8 厘米的段。

（2）海米洗净，用温水浸泡。

（3）锅上火，在沸水锅中分别将海米和芹菜焯水，过凉。

（4）将焯好的海米、芹菜放入碗中，加入盐、味精、姜汁，调味。

（5）将切丝、泡好的鲜青红椒丝撒在海米和芹菜碗中。

（6）浇上烧至 8 成热的花椒油。

（7）盖上盖，炝制入味。

（8）调拌均匀，摆入盘中，上桌食用。

注意事项：

（1）掌握焯水的火候，火力要大，以保持原料质地脆嫩。

（2）浇油时，温度要高，以使原料充分入味。

【拓展训练】

炝腰花是鲁菜中一道色、香、味、形俱全的传统菜肴。制作时，先将猪腰打上麦穗花刀，下入沸水中焯透，然后加调味品调制，最后浇上花椒油炝制。与制作海米炝芹菜的不同是，由于猪腰腥臊味很重，因此需要使用各种方法去除腥臊味。

训练提示:

（1）猪腰打花刀时一定要均匀，以使其成熟度一致、入味均匀、成型美观。

（2）将猪腰初加工后，要先在清水中浸泡，再进行焯水。

（3）浇油时，油温要高，以保证充分入味。

任务3 卤——卤水凤爪的制作

【任务导入】

炝拌类菜肴一般是原料经过加工后，待冷却再调味。有些冷菜的制作是在原料成熟过程中调味，冷却后食用。“卤”就是这样一种冷菜制作方法。

图 6-3 卤水凤爪

【任务描述】

本次任务是卤水凤爪的制作，关键在于卤汁的调制及卤制过程中对火候的控制。卤汁使用的是“红卤”，在卤制之前需要对原料进行炸制，形成虎皮。

【知识准备】

卤是指将加工整理好的大块或整形原料，经焯水或油炸，放入特制的卤汁锅中，用大火烧开，再转成小火卤透入味，使卤汁的鲜香滋味渗透原料内部成菜的一种热制凉吃的烹调方法。

卤制菜肴，根据使用卤汁的颜色不同，一般可分为红卤、白卤两种。红卤就是在卤汁调制时使用了红色的调味品或经加热后能够变成红色的调味品，如糖色、酱油、料酒、红曲及各种香料等。白卤就是在卤汁调制时不使用带色的调味品。

一、卤的工艺流程

原料选择→初加工→初熟处理→调制卤汁→下入原料卤制入味→刀工切配→装盘成菜。

二、卤制菜肴的成品特点

卤制类菜肴一般具有色泽美观、入味均匀、香鲜醇厚、软熟滋润、操作简单等特点。

三、卤的操作要领

（1）卤制类菜肴的原料选取比较广泛，一般要求选用新鲜细嫩、滋味鲜美的原料，如猪、牛、羊、鸡、鸭及其内脏等动物性原料及豆制品类原料。

（2）卤制原料的体积不宜过大，要保证原料达到所需要的成熟度时已经充分入味。

（3）卤制类菜肴的原料在初加工时要严格，要保证菜肴在色、香、味形及卫生等方面的质量。

（4）卤制菜肴时，一锅可以同时卤制几种原料，但应根据原料的性质及加热时间的长短，控制好投料的先后顺序，以保持卤制品的成熟程度一致。

（5）在调制卤汁时，要掌握好颜色和口味。对加入卤汁中的香料，最好先用洁净的纱布包裹，以防散入卤汤中或粘在卤制品上，影响食用的口感及菜肴的外观。

（6）卤制的火候要控制恰当，因卤制原料的形体一般较大，故加热时间较长。原料下锅后，一般先用旺火烧沸，再改用小火长时间卤制。

（7）卤制成品出锅后，应用密漏或纱布过滤卤汁中的渣滓，烧沸后移至阴凉处，使其自然冷却，并加上盖，以保证其清洁卫生，夏季则应放入冰箱中保存，以备继续使用。

（8）卤制豆制品类原料的卤汁容易变质，因此卤制时应按需取用少许老卤。卤制结束后，所剩的卤汁应弃之不用，不可将其倒回原卤汁锅。卤制原料时，最好用铝锅或不锈钢锅，以保证卤汁的色泽清洁。

【任务讲解】

本次任务是卤水凤爪的制作，关键在卤汁的配方。具体操作步骤如下：

（1）将鸡爪整理加工洗净，控净水分，剁去爪尖。

（2）猪肉洗净，切成大块；葱切段、姜切块，分别拍松备用。

（3）锅上火烧热，下入白糖，小火炒至呈鸡血红色。

（4）下入鸡爪，炒至上色时，捞出备用。

（5）锅上火，加入宽油，旺火烧至6成热，下入加工好的鸡爪。

（6）炸至外酥、呈大红色时，捞出控净油分。

（7）锅上火，加入清汤，下入葱段、姜块、八角、桂皮、陈皮、草果、香叶、甘草、丁香、白芷，放入加工好的猪肉块。

（8）加入盐、料酒、鸡精、生抽、冰糖，调味，下入鸡爪。

（9）旺火烧开，撇去浮沫，改用小火卤制约1.5小时，至鸡爪熟透、入味。

（10）出锅抹上一层香油，摆入盘中。

注意事项：

（1）选用鸡爪时，应以洁白肥嫩的肉鸡鸡爪为好。

（2）鸡爪有一股土腥味，需要进行漂洗。

（3）掌握好炒糖色和炸制的火候，以及香料的用量和比例。

【拓展训练】

卤水凤爪原料的前处理使用的是炸制，而卤制猪口条所使用的则是焯水。猪口条，也就是猪的舌头，初加工好之后，下入清水中焯透。大家可以尝试一下，分析这两种不同的前处理方法，对成品的特点有什么影响。

训练提示：

（1）在初加工猪口条时，要去净表层的舌苔。

（2）卤制时，要掌握好卤汁的数量及卤制时的火候。

（3）卤熟后，可浸泡在卤汁中随用随取，既保证其嫩度，也利于充分入味。

任务4　酱——酱牛肉的制作

【任务导入】

牛肉营养丰富，氨基酸组成合理，能提高人体的抗病能力。酱牛肉使用“酱”的烹调方法，是鲁菜中的一道传统酱制菜肴。

图 6-4　酱牛肉

【任务描述】

本次任务是酱牛肉的制作，关键点在于酱汁的调制及酱制过程中对火候的控制。酱制过程的时间较长，目的是将酱汁充分融入大块的牛肉，最终收稠酱汁，待牛肉晾凉后改刀食用。与“卤”相比，“酱”一般不留酱汁。

【知识准备】

酱是指将初加工整理好的原料腌制，经初熟处理后，放入调制好的酱汁锅中，用大火烧开，再改用小火加热至原料酥软，将原料捞出，收稠酱汁浇淋在原料上，或将原料浸泡在酱汁中的一种热制冷吃的烹调方法。这种烹调方法广泛适用于质地老嫩不同的动物性原料，如牛肉、猪肉、鸡、鱼等，也可适用于质地脆嫩的植物性原料，如黄瓜、萝卜、莴笋等。

一、酱的工艺流程

原料选择→初加工→预熟处理→调制酱汁→下料酱制→刀工成型→装盘成菜。

二、酱制菜肴的成品特点

酱制类菜肴一般具有色泽酱红、油润光亮、酥烂软嫩、酱香浓郁、酱汁浓稠、入味均匀等特点。

三、酱的操作要领

（1）酱制类菜肴的原料形体一般较大，故要掌握好加热时的火候，一般用时较长。原料加入酱汁锅中后，要先用旺火烧开，撇去浮沫；再改用小火慢慢加热，保持酱汁沸而不腾的状态。

（2）酱制过程中要将原料上下翻动几次，以保证原料成熟程度一致，且上色均匀。

（3）酱制类菜肴制作，最后可将汤汁收浓，此时需要不停地晃动锅，以使原料均匀上色，同时也防止锅边的酱汁焦煳或原料粘锅底；也可将较好的原料浸泡在酱汁中，同时要撇净油污，以保持原料的鲜嫩新鲜，避免发硬或干缩变色。

（4）酱制类菜肴一般现酱现用，将酱汁收稠，不留酱汁。

【任务讲解】

本次任务是酱牛肉的制作，关键在于酱汁的调制及酱制过程中对火候的控制。具体操作步骤如下：

（1）将牛肉洗净，控干；葱切段、姜切块，拍松备用。

（2）锅上火，加入清水，冷水锅焯透，捞出控干水分。

（3）锅上火，留底烧热油，下入葱段、姜块、八角、桂皮、香叶、草果、白芷、良姜、豆蔻、甘草，炒出香味。

（4）放入黄酱，炒出香味；加入清汤、料酒、生抽、老抽、盐、味精、冰糖、红曲米，调味。

（5）下入焯好的牛肉块，用大火烧开，撇净浮沫；再改用小火慢慢酱制，至牛肉熟烂入味。

（6）捞出晾凉，改刀成片，摆入盘中。

注意事项：

（1）牛肉块焯水时，必须冷水下锅，以充分去除血污。

（2）调制酱汁时，应将汤水一次加足，在加热过程中不能再添加。

（3）要掌握好酱制的火候，以保证牛肉的口感。

【拓展训练】

酱肘花是鲁菜中的一道传统代表菜肴。制作时，将猪肘整理加工洗净，去骨后在肉面打上花刀，卷起扎紧，再进行酱制，晾凉后改刀成片成菜。

训练提示：

（1）在肘子肉面上打花刀时不宜过深，以防破皮，影响外观。

（2）肘子在卷制时要卷紧，以防过松，影响形状。

（3）掌握好酱制的火候，保证食用的质感和口感。

任务5 卷——珊瑚雪卷的制作

【任务导入】

冷菜有一个显著特点就是造型美观。珊瑚雪卷就是一个典型的造型菜，虽然没有热处理过程，但对厨师的刀工有很高的要求。

图 6-5 珊瑚雪卷

【任务描述】

本次任务是珊瑚雪卷的制作，关键在于刀工成型。制作时，将象牙白萝卜切片、胡萝卜切丝，卷制后再摆盘调味。此菜的特点是形状美观、口味清淡。

【知识准备】

卷是指用大而薄的原料做皮料，卷入其他馅料，经过蒸、煮、泡或炸制成菜的一种烹调方法。卷制类菜肴，既可以单独使用，又是制作花色拼盘常用的原料。卷按照熟制方法，可以分为蒸卷、煮卷、泡卷、炸卷等。卷按照成品的色泽，可以分为单色卷、双色卷和多色卷等。卷按照成品的形状可以分为圆形卷、羽形卷、如意卷等。

一、卷的工艺流程

原料选择→初加工→刀工处理→卷制→蒸、煮、泡或炸制→装盘。

二、卷制菜肴的成品特点

卷制类菜肴一般具有色泽鲜艳、整齐美观、口味鲜香、清淡爽口等特点。

三、卷的操作要领

（1）卷制菜肴的原料选取非常广泛，一般来说，新鲜、质地细腻的动植物性原料均可。

（2）卷制时要卷牢扎紧，而且粗细要均匀，以使成品造型美观。

（3）卷制类菜肴的皮料要整齐均匀，且厚薄要一致，馅料加工得越细腻越好。

（4）卷制的馅料在调味时口味不宜过重，腌制的时间不宜过长。

（5）要掌握好制熟的火候，防止火力过大、加热时间过长，造成成品质地过老，影响食用的质感。

【任务讲解】

本次任务是珊瑚雪卷的制作，关键在于刀工成型。具体操作步骤如下:

（1）将象牙白萝卜洗净，控水去皮，修成长 10 厘米、宽 5 厘米、厚 2.5 厘米的块，再片成大薄片。

（2）放入盐水中浸泡透，捞出控净水分，再用干毛巾吸干水分。

（3）胡萝卜洗净，控净水，分切成细丝。

（4）将白萝卜片在砧板上放平，在片的一边放上胡萝卜丝，顺长卷成卷状，即成雪卷。

（5）改刀成马蹄块，摆入盘中，围成花朵形。

（6）取一小碗，加入盐、白糖、白醋、橙汁、番茄沙司、辣椒油，调味，搅拌均匀。

（7）浇在雪卷上入味后，即可上桌食用。

注意事项:

（1）象牙白萝卜在加工成片时，要求越薄越好，胡萝卜丝越细越好。

（2）象牙白萝卜片用盐水腌渍时，口味不可过重，腌制时间不宜过长，以防影响食用的口味。

（3）卷制雪卷时要卷紧，粗细一定要均匀，以利于菜肴的成型美观。

【拓展训练】

珊瑚雪卷中的原料只是经过了刀工处理和调味，没有进行热处理，而有很多卷制菜肴是需要进行熟制的，如紫菜蛋卷。在制作紫菜蛋卷时，首先要制作蛋皮，然后均匀卷上馅料，再经过蒸制成熟，最后改刀装盘。

训练提示:

（1）要掌握好调制馅料时加入调味品的数量，此菜口味不宜过重。

（2）调制蛋皮时，要用小火加热，防止火力过大，导致调制出的蛋皮发干、颜色过重。

（3）涂抹馅料时要均匀，以利于成品的均匀、美观；卷制时要卷紧，以保证原料成熟后不变形。

（4）要掌握好蒸制的火候，防止火力过大、时间过长，导致原料质地变老。